Ergebnisse der Mathematik
und ihrer Grenzgebiete

Band 39

Herausgegeben von
P. R. Halmos · P. J. Hilton · R. Remmert · B. Szőkefalvi-Nagy

Unter Mitwirkung von
L. V. Ahlfors · R. Baer · F. L. Bauer · R. Courant · A. Dold
J. L. Doob · E. B. Dynkin · S. Eilenberg · M. Kneser · M. M. Postnikow
H. Rademacher · B. Segre · E. Sperner

Geschäftsführender Herausgeber: P. J. Hilton

Spektraldarstellung linearer Transformationen des Hilbertschen Raumes

Béla Sz.-Nagy

Berichtigter Nachdruck

Springer-Verlag Berlin Heidelberg GmbH

Prof. Dr. Béla Szőkefalvi-Nagy

Bolyai Institut der Universität
Szeged/Ungarn

Die 1. Auflage erschien 1942 als Band V, Heft 5, der
Ergebnisse der Mathematik und ihrer Grenzgebiete, Alte Folge.

ISBN 978-3-540-03781-1   ISBN 978-3-662-00955-0 (eBook)
DOI 10.1007/978-3-662-00955-0

Copyright by Julius Springer, Berlin 1942

© by Springer-Verlag Berlin Heidelberg
Ursprünglich erschienen bei Spinger-Verlag, Berlin · Heidelberg 1967
Library of Congress Catalog Card Number 67 – 19558

Titel-Nr. 4583

Inhaltsverzeichnis.

Einleitung.

In seinen Untersuchungen über Integralgleichungen wurde HILBERT zum Begriff des unendlichen Folgenraumes $\mathfrak{H}$ geführt. Die Elemente von $\mathfrak{H}$ sind die „Vektoren" $\mathfrak{a}$ mit unendlichvielen Komponenten $(a_1, a_2, \ldots)$ und von endlicher Norm $\|\mathfrak{a}\| = \left[\sum_{k=1}^{\infty} a_k^2\right]^{\frac{1}{2}}$; das innere Produkt $(\mathfrak{a}, \mathfrak{b})$ der Vektoren $\mathfrak{a}$ und $\mathfrak{b}$ wird dann durch $\sum_{k=1}^{\infty} a_k b_k$ definiert.

Die Geometrie dieses Raumes hat viele Analogien zur Geometrie eines endlichdimensionalen Vektorraumes, es treten aber beim Übergang vom endlich- zum unendlichdimensionalen freilich auch neue Erscheinungen auf.

Ist A eine lineare Transformation des n-dimensionalen Vektorraumes $\mathfrak{R}_n$, deren Matrix symmetrisch ist, so weiß man z. B., daß es paarweise orthogonale Einheitsvektoren $\mathfrak{a}_1, \mathfrak{a}_2, \ldots, \mathfrak{a}_n$ und reelle Zahlen $\lambda_1, \lambda_2, \ldots, \lambda_n$ $(\lambda_h \leqq \lambda_{h+1})$ derart gibt, daß $A\mathfrak{a}_h = \lambda_h \mathfrak{a}_h$ gilt; λ_h ist ein Eigenwert von A, $\mathfrak{a}_h$ ist ein zu λ_h gehöriger Eigenvektor von A. — Dagegen gibt es in $\mathfrak{H}$ lineare Transformationen A mit symmetrischer (unendlicher) Matrix, für die die Gleichung $A\mathfrak{a} = \lambda\mathfrak{a}$ gar keine Lösung $\mathfrak{a}$ besitzt, was auch der Wert des Parameters λ sei.

Den obigen Satz kann man immerhin auf $\mathfrak{H}$ übertragen, allerdings muß man ihn zuerst anders formulieren. Bezeichne $\mathfrak{M}_\lambda$ den Unterraum von $\mathfrak{R}_n$, der durch die $\mathfrak{a}_h$ mit $\lambda_h \leqq \lambda$ aufgespannt ist; E_λ bedeute die orthogonale Projektion auf $\mathfrak{M}_\lambda$. Ist $\mathfrak{a} = c_1\mathfrak{a}_1 + \cdots + c_n\mathfrak{a}_n$ die Entwicklung des beliebigen Vektors $\mathfrak{a}$ in bezug auf die orthogonale Basis $\{\mathfrak{a}_h\}$, so hat man $A\mathfrak{a} = c_1 A\mathfrak{a}_1 + \cdots + c_n A\mathfrak{a}_n = \lambda_1 c_1 \mathfrak{a}_1 + \lambda_2 c_2 \mathfrak{a}_2 + \cdots + \lambda_n c_n \mathfrak{a}_n = \lambda_1 E_{\lambda_1}\mathfrak{a} + \lambda_2(E_{\lambda_2} - E_{\lambda_1})\mathfrak{a} + \cdots + \lambda_n(E_{\lambda_n} - E_{\lambda_{n-1}})\mathfrak{a}$. Diese Gleichung läßt sich in der Form eines symbolischen STIELTJESschen Integrals schreiben: $A\mathfrak{a} = \int_{-\infty}^{\infty} \lambda\, dE_\lambda \mathfrak{a}$ oder kürzer: $A = \int_{-\infty}^{\infty} \lambda\, dE_\lambda$. In dieser Form bleibt der Satz auch für $\mathfrak{H}$ gültig; nur wird dann die Schar der Projektionen E_λ im allgemeinen keine reine Sprungfunktion des Parameters λ sein, sondern sie kann sich auch kontinuierlich ändern. Die so erhaltene „kanonische Spektraldarstellung" von A ist von grundlegender Wichtigkeit, sie spiegelt die strukturellen Eigenschaften von A wider und liefert den Grund zum Aufbau eines Transformationskalküls.

Wie die klassischen Ergebnisse von F. RIESZ und E. FISCHER zeigten, ist der Raum $L^2(a, b)$ aller LEBESGUE-meßbaren Funktionen $f(x)$

auf (a, b) mit endlicher Norm $\|f\| = \left[\int_a^b |f(x)|^2 dx\right]^{\frac{1}{2}}$ von gleicher Struktur wie $\mathfrak{H}$, wenn man nur übereinkommt, Funktionen, die nur auf einer Nullmenge nicht übereinstimmen, als nicht verschieden zu betrachten. D. h. man kann die Elemente von $\mathfrak{H}$ und L^2 einander eineindeutig derart entsprechen lassen, daß aus $\mathfrak{a}_1 \leftrightarrow f_1(x)$ und $\mathfrak{a}_2 \leftrightarrow f_2(x)$ folgt

$$c_1 \mathfrak{a}_1 + c_2 \mathfrak{a}_2 \leftrightarrow c_1 f_1(x) + c_2 f_2(x) \quad \text{und} \quad (\mathfrak{a}_1, \mathfrak{a}_2) = \int_a^b f_1(x) f_2(x) dx, \quad \text{wie auch}$$

die Koeffizienten c_1, c_2 gewählt sind. Vom Gesichtspunkte ihrer Struktur sind daher die beiden Räume völlig äquivalent, sie können als Realisationen desselben abstrakten HILBERTschen Raumes aufgefaßt werden, den man eben durch die gemeinsamen linearen und metrischen Eigenschaften von $\mathfrak{H}$ und L^2 definiert. Dieser Raum ist von abzählbar unendlicher Dimension. Man kann auch Räume von gleichem Typus, aber ohne irgendeine dimensionale Restriktion betrachten. Die Untersuchung von Räumen überabzählbarer Dimension ist u. a. auch deshalb von Interesse, weil die fastperiodischen Funktionen einen solchen Raum bilden.

Die moderne Entwicklung der Theorie des (abstrakten) HILBERTschen Raumes verdankt man in erster Linie J. v. NEUMANN, F. RIESZ und M. H. STONE. Es ist wohl interessant, daß diese Entwicklung in großem Maße durch die Physik gefördert wurde. In der Tat gelang es erst durch die Anwendung der Theorie des HILBERTschen Raumes und ihrer linearen Transformationen, eine streng mathematische Begründung der Quantenmechanik zu geben[1]. Auch das Ergodenproblem der klassischen Mechanik erhielt seine erste Lösung mit Hilfe dieser Theorie[2]. Bemerken wir, daß man eben im Interesse dieser Anwendungen heute meist den *komplexen* HILBERTschen Raum untersucht; die gewonnenen Ergebnisse gelten mutatis mutandis im Falle des *reellen* HILBERTschen Raumes.

Für verschiedene „innermathematische" Anwendungen, insbesondere auf die Theorie der Differential- und Integraloperatoren, verweisen wir auf das ausgezeichnete Lehrbuch von M.H.STONE [*], Kapitel III und IX[3].

Der historischen Entwicklung entsprechend, werden zunächst nur beschränkte Transformationen betrachtet, der allgemeine Begriff einer linearen Transformation wird erst in Kap. V eingeführt. In Kap. VI wird die Frage untersucht, wann eine Transformation eine selbstadjungierte, d. h. spektral darstellbare Fortsetzung besitzt; dieses Kapitel kann beim ersten Lesen übersprungen werden.

---

[1] Wir verweisen auf das Buch von v. NEUMANN [*].

[2] KOOPMAN [1], v. NEUMANN [7]. Wir verweisen noch auf E. HOPF: Ergodentheorie. Diese Ergebnisse Bd. V. H. 2.

[3] Aus der neueren Literatur sei auf die Arbeiten von FRIEDRICHS [1]—[4], MURRAY [1] und HALPERIN [1] verwiesen.

I. Grundbegriffe.

1. Axiomatische Definition des Raumes $\Re$.

Ein linearer metrischer Raum soll ein HILBERTscher Raum (im verallgemeinerten Sinne) oder ein euklidischer Raum heißen, falls seine Metrik durch ein inneres Produkt erzeugt wird. Ein solcher Raum $\Re$ ist also eine Menge von Elementen f, g, h, ..., die den folgenden Bedingungen **A**, **B**, **C** genügt.

A. $\Re$ *ist ein linearer Raum.* D. h.: in $\Re$ ist eine Addition $f + g$ und eine Multiplikation af mit Zahlen a definiert, und es gelten für diese Fundamentaloperationen die üblichen Rechenregeln der Vektoralgebra.

Je nachdem die Zahlen a nur reell bzw. auch komplex sein dürfen, heißt $\Re$ ein reeller bzw. komplexer linearer Raum. Im folgenden werden nur ·komplexe lineare Räume betrachtet[1].

B. *Jedem Paar f, g von Elementen von $\Re$ ist eine komplexe Zahl (f, g), ihr ,,inneres Produkt", zugeordnet, und zwar so, daß $(af, g) = a(f, g)$, $(f_1 + f_2, g) = (f_1, g) + (f_2, g)$, $(f, g) = \overline{(g, f)}$, $(f, f) > 0$ für $f \neq 0$, $(f, f) = 0$ für $f = 0$.*

Hieraus folgen auch die Regeln: $(f, g_1 + g_2) = (f, g_1) + (f, g_2)$, $(f, ag) = \overline{a}(f, g)$. Die Elemente f und g heißen *orthogonal*, wenn $(f, g) = 0$.

$(f, f)^{\frac{1}{2}}$ heißt die *Norm* von f und wird mit $\|f\|$ bezeichnet. Es gilt die *Schwarzsche Ungleichung:* $|(f, g)| \leq \|f\| \cdot \|g\|$ (für $g = 0$ ist sie trivial, für $g \neq 0$ folgt sie aus der Beziehung $(f + ag, f + ag) \geq 0$, d. h.

$$(f, f) + a(g, f) + \overline{a}(f, g) + a\overline{a}(g, g) \geq 0, \text{ wenn man darin } a = -\frac{(f, g)}{(g, g)}$$

setzt. Es gilt weiter die *Dreiecksungleichung:* $\|f - g\| \leq \|f\| + \|g\|$ (sie folgt aus der SCHWARZschen Ungleichung: $\|f - g\|^2 = (f - g, f) - (f - g, g)$ $\leq \|f - g\| \cdot \|f\| + \|f - g\| \cdot \|g\| = \|f - g\|(\|f\| + \|g\|)$).

Man kann durch $\|f - g\|$ den *Abstand* der Elemente f und g definieren. Konvergenz einer Elementenfolge, sowie Abgeschlossenheit, Separabilität, Dichtheit usw. einer Teilmenge von $\Re$ sollen in der durch diese Metrik erzeugten Topologie von $\Re$ verstanden werden. Es folgt insbesondere aus der SCHWARZschen Ungleichung, daß das innere Produkt eine stetige Funktion seiner beiden Veränderlichen ist, d. h. aus $f_n \rightarrow f$ und $g_n \rightarrow g$ folgt $(f_n, g_n) \rightarrow (f, g)$.

---

[1] Räume, die Quaternionen als Koeffizienten zulassen (sog. WACHSsche Räume), werden von TEICHMÜLLER [1] betrachtet.

C. $\Re$ *ist vollständig*, d. h. jede Folge f_n, für die $\|f_n - f_m\| \to 0$, wenn $n, m \to \infty$, konvergiert gegen ein Element von $\Re$.

Ein Raum $\Re'$, der nur den Bedingungen A und B genügt, läßt sich zu einem Raum $\Re$ ergänzen, der allen drei Bedingungen genügt; und zwar nur auf eine Weise, wenn man fordert, daß $\Re'$ in $\Re$ dicht liegt.

Jeder Folge $f_n \in \Re'$, für die $\lim\limits_{n,\, m\to\infty} \|f_n - f_m\| = 0$ (sog. Fundamentalfolge), ordne man, wenn nicht schon ein Grenzelement in $\Re'$ existiert, ein ideales Grenzelement f zu. Zwei äquivalenten Fundamentalfolgen f_n, g_n (d. h. für die $f_n - g_n \to 0$), ordne man dasselbe Grenzelement zu. Besitzen zwei Folgen f_n, g_n Grenzelemente f, g (aus $\Re'$, oder ideale), so besitzt (f_n, g_n) einen Grenzwert; als ihn definiere man (f, g). Man zeigt leicht, daß der mit den idealen Grenzelementen ergänzte Raum $\Re$ den Bedingungen A—C genügt, und, daß diese die einzige solche Fortsetzung von $\Re'$ ist, in der $\Re'$ dicht ist.

Eine Menge $\mathfrak{S} \subseteq \Re$ heißt eine *Grundmenge*, wenn die endlichen Linearkombinationen $\sum c_k f_k$ $(f_k \in \mathfrak{S})$ in $\Re$ dicht liegen. Die kleinstmögliche Mächtigkeit einer Grundmenge heißt die *Dimension* von $\Re$ $(\operatorname{Dim}\Re)$. Ist sie endlich und gleich n, so ist $\Re$ ein *n-dimensionaler unitärer Raum*, $\Re = \Re_n$. Ist die Dimension abzählbar unendlich, so heißt $\Re$ ein *Hilbertscher Raum* (im eigentlichen Sinne), $\Re = \mathfrak{H}$. $\Re_n$ und $\mathfrak{H}$ sind beide *separabel*, d. h. es gibt in ihnen eine abzählbar unendliche dichte Teilmenge (man braucht nur die endlichen Linearkombinationen $\sum c_k f_k$ der Elemente einer endlichen bzw. abzählbar unendlichen Grundmenge zu nehmen, mit rationalen komplexen, d. h. rationale Reell- und Imaginärteile besitzenden Koeffizienten c_k). Die Räume mit überabzählbarer Dimension sind natürlich nicht separabel[1].

Wenn $(f, h) = (g, h)$ für jedes Element h einer Grundmenge $\mathfrak{S}$, dann ist $f = g$. Denn $f - g$ ist dann orthogonal zu $\mathfrak{S}$, folglich auch zu $\Re$, insbesondere auf sich selbst: $(f - g, f - g) = 0$.

Ein System $\mathfrak{o}$ von Elementen aus $\Re$ heißt *orthonormal*, wenn für $\varphi \in \mathfrak{o}$, $\psi \in \mathfrak{o}$ stets gilt: $(\varphi, \psi) = \begin{cases} 1, \text{ wenn } \varphi = \psi \\ 0, \text{ wenn } \varphi \neq \psi \end{cases}$. Die Haupteigenschaft eines orthonormalen Systems ist die BESSEL*sche Ungleichung:* Für jedes $f \in \Re$ gilt, wenn $\varphi_1, \varphi_2, \ldots, \varphi_m$ verschiedene Elemente aus $\mathfrak{o}$ sind,

$$\|f\|^2 - \sum_{k=1}^{m} |(f, \varphi_k)|^2 = \left\| f - \sum_{k=1}^{m} (f, \varphi_k)\varphi_k \right\|^2 \geqq 0. \text{ Aus ihr folgt: } \sum_{\varphi \in \mathfrak{o}} (f, \varphi)\varphi \text{ ist}$$

für jedes f in dem Sinne konvergent, daß alle Glieder bis auf höchstens abzählbar viele verschwinden und, bei beliebiger Numerierung der übrigen Glieder, der Limes der Partialsummen existiert. — Ist $\mathfrak{o}$ sogar

---

[1] Die axiomatische Definition des HILBERTschen Raumes stammt von v. NEUMANN [1]. Nichtseparable euklidische Räume wurden zuerst von LÖWIG [1] und RELLICH [1] untersucht.

eine Grundmenge in $\Re$, so heißt es *vollständig*. In diesem Fall ist $\sum_{\varphi \in \mathfrak{o}} (f, \varphi)\,\varphi = f$ für jedes $f \in \Re$. (Denn ist dieser Limes g, so gilt $(g, \varphi) = (f, \varphi)$ für jedes $\varphi \in \mathfrak{o}$: folglich ist $g = f$.)

Die Mächtigkeit eines vollständigen orthonormalen Systems (v. o. S.) $\mathfrak{o}$ *ist gleich* $\operatorname{Dim}\Re$. Im Falle $\Re_n$ ist dies aus der Algebra wohlbekannt. Im Falle eines Raumes von unendlicher Dimension muß man zeigen, daß die Mächtigkeit von $\mathfrak{o}$ die Mächtigkeit keiner andern Grundmenge $\mathfrak{S}$ übertrifft. Sei $\mathfrak{S}'$ die Menge der endlichen Linearkombinationen der Elemente der Grundmenge $\mathfrak{S}$ mit rationalen komplexen Koeffizienten; $\mathfrak{S}'$ hat offenbar dieselbe Mächtigkeit wie $\mathfrak{S}$. Da $\mathfrak{S}'$ dicht in $\Re$ ist, kann man jedem $\varphi \in \mathfrak{o}$ ein $f_\varphi \in \mathfrak{S}'$ derart zuordnen, daß $\|\varphi - f_\varphi\| < \dfrac{\sqrt{2}}{2}$. Verschiedenen φ gehören verschiedene f_φ, weil aus $f_\varphi = f_\psi$ folgen würde: $\|\varphi - \psi\| = \|(\varphi - f_\varphi) - (\psi - f_\psi)\| \leqq \|\varphi - f_\varphi\| + \|\psi - f_\psi\| < \sqrt{2}$, im Widerspruch zu $\|\varphi - \psi\|^2 = \|\varphi\|^2 + \|\psi\|^2 = 2$. Also hat $\mathfrak{S}'$ mindestens die gleiche Mächtigkeit wie $\mathfrak{o}$, w. z. b. w.

Es gibt ein v. o. S. In $\Re_n$ ist das trivial. In $\mathfrak{H}$ nehme man eine abzählbare Grundmenge $\mathfrak{S} = \{f_1, f_2, \ldots\}$ ($\|f_1\| = 1$) und konstruiere das System $\mathfrak{o} = \{\varphi_1, \varphi_2, \ldots\}$ wie folgt (*Orthogonalisierungsprozeß von* E. Schmidt): $\varphi_1 = f_1$; ist φ_k für alle $k < n$ schon definiert und ist f_m das erste unter den Elementen von $\mathfrak{S}$, für das $\sum\limits_{k<n} (f_m, \varphi_k)\,\varphi_k \neq f_m$, so setze man $\varphi_n = \dfrac{g_n}{\|g_n\|}$, wo $g_n = f_m - \sum\limits_{k<n} (f_m, \varphi_k)\,\varphi_k$. $\mathfrak{o}$ ist offenbar ein v. o. S. — Ein ähnlicher Prozeß läßt sich auch zur Orthogonalisierung einer Grundmenge $\mathfrak{S}$ in einem nichtseparablen Raum anwenden. Man hat $\mathfrak{S}$ zuerst wohlzuordnen und dann $\mathfrak{o}$ durch transfinite Induktion zu definieren.

Eine leichte Rechnung ergibt die Identitäten:

$$(1) \qquad \|f + g\|^2 + \|f - g\|^2 = 2\|f\|^2 + 2\|g\|^2,$$

$$(2) \qquad \left\|\frac{f + g}{2}\right\|^2 - \left\|\frac{f - g}{2}\right\|^2 + i\left\|\frac{f + ig}{2}\right\|^2 - i\left\|\frac{f - ig}{2}\right\|^2 = (f, g).$$

Für die euklidischen Räume ist (1) charakteristisch. Es gilt nämlich der Satz:

Sei $\mathfrak{B}$ ein linearer Raum mit komplexen Koeffizienten, für dessen Elemente f eine Norm $\|f\|$ derart definiert ist, daß $\|f\| \geqq 0$, $\|f\| = 0$ nur für $f = 0$, $\|cf\| = |c| \cdot \|f\|$ und $\|f_1 + f_2\| \leqq \|f_1\| + \|f_2\|$. Ferner sei $\mathfrak{B}$ in bezug auf diese Norm vollständig (ein solcher Raum heißt ein *komplexer* Banachscher *Raum*). $\mathfrak{B}$ *ist dann und nur dann euklidisch, d. h. die Norm* $\|f\|$ *kann dann und nur dann aus einem inneren Produkt abgeleitet werden, wenn in ihm* (1) *immer erfüllt ist*[1]. (Es gibt triviale Beispiele für Banachsche Räume, in denen (1) nicht gilt.)

---

[1] Jordan—v. Neumann [1]. Andere Charakterisierungen der euklidischen Räume bei Aronszajn [1], Nagumo [1], Mazur [1] und Kakutani [1].

2. Einige Realisierungen des abstrakten Raumes $\Re$. Kartesisches Produkt von Räumen.

Es sei S eine Punktmenge, und es sei $m(E)$ eine nichtnegative, totaladditive Mengenfunktion, die für ein BORELsches System von Teilmengen E von S definiert ist. Es bedeute $L^2(S)$ die Gesamtheit derjenigen auf S definierten komplexwertigen Funktionen $f(P)$, welche in bezug auf die Maßfunktion $m(E)$ meßbar und von integrierbarem $|f(P)|^2$ sind; dabei werden zwei Funktionen als identisch gelten, wenn sie nur auf einer Punktmenge vom m-Maß Null verschiedene Werte annehmen. $L^2(S)$ ist offenbar ein linearer Raum, in dem durch $\int\limits_{S} f(P)\overline{g(P)}\,dm$ ein inneres Produkt (f, g) definiert werden kann. Nach dem RIESZ-FISCHERschen Satz ist $L^2(S)$ in dieser Metrik sogar vollständig. Also bietet $L^2(S)$ eine Verwirklichung des abstrakten Raumes $\Re$ dar.

Wählt man für S und $m(E)$ insbesondere die Gerade mit dem gewöhnlichen LEBESGUEschen Maß, so erhält man den Raum $L^2(-\infty, \infty)$ der quadratisch integrierbaren meßbaren Funktionen $f(x)$. Statt der ganzen Geraden kann man für S ebensogut irgendeine ihrer meßbaren Teilmengen oder auch eine meßbare Menge höherer Dimension wählen. Auch kann man statt des LEBESGUEschen Maßes ein LEBESGUE-STIELTJESsches Maß zugrunde legen.

Betrachten wir nun den folgenden Maßbegriff auf der beliebigen Punktmenge S: Jeder endlichen Teilmenge von S sei die Anzahl der in ihr enthaltenen Punkte als Maß zugeordnet. Der entsprechende Raum L^2 sei auch mit $\Re_S$ bezeichnet. Dieser besteht aus den Funktionen $f(P)$, die für höchstens abzählbar unendlich viele Punkte P von S einen von 0 verschiedenen Wert annehmen und für die die aus den nichtverschwindenden Funktionswerten aufgebaute Reihe $\sum\limits_{P \in S} |f(P)|^2$ konvergiert. — Besteht S aus n Punkten, so ist $\Re_S$ ein $\Re_n$. Ist S abzählbar unendlich, so ist $\Re_S$ im wesentlichen der HILBERTsche Folgenraum, bestehend aus allen Zahlenfolgen $(a_1, a_2, a_3, \ldots)$ mit konvergentem $\sum |a_k|^2$. Ist S nicht abzählbar unendlich, so ist $\Re_S$ nicht separabel. Dies ist z. B. der Fall, wenn S die Menge C der reellen Zahlen bedeutet; den entsprechenden Raum $\Re_C$ werden wir mehrmals als Prototyp eines nichtseparablen Raumes heranziehen.

Sei $\{\Re_\omega\}$ ($\omega \in \Omega$) ein beliebiges System von Räumen. Aus jedem $\Re_\omega$ greife man je ein Element f_ω aus, jedoch so, daß $\sum\limits_{\omega \in \Omega} \|f_\omega\|^2$ konvergiert (insbesondere darf also f_ω für höchstens abzählbar viele Indizes von 0 verschieden sein). Ein solches System $\{f_\omega\}$ wird als ein Element eines Raumes $\Re = \prod\limits_{\omega \in \Omega} \times \Re_\omega$ betrachtet. Die fundamentalen Operationen, sowie das innere Produkt werden in $\Re$ folgendermaßen definiert:

$$c\{f_\omega\} = \{c f_\omega\}, \qquad \{f_\omega\} + \{g_\omega\} = \{f_\omega + g_\omega\}, \qquad (\{f_\omega\}, \{g_\omega\}) = \sum\limits_{\omega \in \Omega} (f_\omega \cdot g_\omega).$$

Mit diesen wird $\Re$ ein euklidischer Raum. (Zum Beweis seiner Vollständigkeit bedient man sich einer einfachen Schlußweise, die man auch zum Beweis der Vollständigkeit des HILBERTschen Folgenraumes anwendet.)

Der Raum $\Re^2 = \Re \times \Re$ der Elementenpaare $\{f, g\}$ aus demselben Raum $\Re$ wird in späteren Betrachtungen eine besondere Rolle spielen.

3. Konvexe Mengen, Linearmannigfaltigkeiten und Unterräume.

Sei $\Re$ eine konvexe Teilmenge von $\Re$, d. h. $\Re$ soll mit jedem Paar von Elementen f_1, f_2 auch $\dfrac{f_1 + f_2}{2}$ enthalten; ferner sei $d = \min\limits_{f \in \Re} \|f\|$. Jede Minimalfolge f_n aus $\Re$ (d. h. für die $\|f_n\| \to d$) ist konvergent[1].

Aus der Identität (1) folgt $\left\|\dfrac{f_n - f_m}{2}\right\|^2 = \dfrac{1}{2}\|f_n\|^2 + \dfrac{1}{2}\|f_m\|^2 - \left\|\dfrac{f_n + f_m}{2}\right\|^2$. Nun ist $\dfrac{f_n + f_m}{2} \in \Re$, also hat es eine Norm $\geqq d$, folglich gilt:

$$\left\|\frac{f_n - f_m}{2}\right\|^2 \leqq \frac{1}{2}\|f_n\|^2 + \frac{1}{2}\|f_m\|^2 - d^2.$$

Für $m, n \to \infty$ strebt hier die rechte Seite gegen 0, also auch $\|f_n - f_m\|$, womit die Behauptung bewiesen ist.

Eine Teilmenge $\mathfrak{L}$ von $\Re$ heißt eine *Linearmannigfaltigkeit*, wenn sie mit f und g alle ihre Linearkombinationen $af + bg$ mit komplexen Koeffizienten a, b enthält. Ist sie abgeschlossen, dann gelten in ihr alle Bedingungen **A—C**, und sie heißt dann ein *Unterraum* von $\Re$. Ist $\mathfrak{S}$ irgendeine Teilmenge von $\Re$, so bilden die aus den Elementen von $\mathfrak{S}$ gebildeten endlichen Linearkombinationen die durch $\mathfrak{S}$ „aufgespannte" Linearmannigfaltigkeit $\mathfrak{L}(\mathfrak{S})$; diese ist die kleinste (engste) Linearmannigfaltigkeit, die sämtliche Elemente von $\mathfrak{S}$ enthält, und zugleich der Durchschnitt aller solchen Linearmannigfaltigkeiten. Fügt man einer Linearmannigfaltigkeit $\mathfrak{L}$ alle Häufungselemente hinzu, so erhält man einen Unterraum $[\mathfrak{L}]$. Insbesondere heißt $[\mathfrak{L}(\mathfrak{S})]$ der durch $\mathfrak{S}$ „aufgespannte" Unterraum; dies ist wieder gleich dem Durchschnitt aller Unterräume, die $\mathfrak{S}$ umfassen.

---

[1] Beweis nach F. RIESZ [4], s. auch v. Sz. NAGY [3] (S. 5). Wie aus dem Beweis hervorgeht, gilt der Satz für jeden BANACHschen Raum, in dem aus $\|f\| \leqq 1$, $\|g\| \leqq 1$ und $\left\|\dfrac{f + g}{2}\right\| \geqq 1 - \varepsilon$ folgt: $\|f - g\| \leqq \delta(\varepsilon)$, wo $\delta(\varepsilon)$ eine für den Raum charakteristische Funktion mit der Eigenschaft $\lim\limits_{\varepsilon \to 0} \delta(\varepsilon) = 0$ ist (sog. *gleichmäßig konvexe* BANACHsche Räume; die Funktionenräume L^p ($p > 1$) sind solche, vgl. CLARKSON [1]). Im HILBERTschen Raum leistet z. B. $\delta(\varepsilon) = (8\varepsilon)^{\frac{1}{2}}$ das Gewünschte.

Ist die Linearmannigfaltigkeit $\mathfrak{L}$ in $\mathfrak{R}$ nicht dicht, so gibt es ein von 0 verschiedenes Element g in $\mathfrak{R}$, das zu jedem Element von $\mathfrak{L}$ orthogonal ist[1].

Sei h ein Element außerhalb $[\mathfrak{L}]$ und sei $d = \min\limits_{f \in \mathfrak{L}} \|h - f\|$. Sei $f_n \in \mathfrak{L}$ so, daß $\|h - f_n\| \to d$. Da die Menge $\{h - f\}$ ($f \in [\mathfrak{L}]$) konvex und abgeschlossen ist, strebt die Minimalfolge $h - f_n$ gegen ein Element $h - f^*$ ($f^* \in [\mathfrak{L}]$); man hat offenbar $\|h - f^*\| = d$. Sei f beliebig aus $\mathfrak{L}$; für jedes komplexe c gehört dann $f^* + cf$ zu $[\mathfrak{L}]$, folglich ist $\|h - (f^* + cf)\| \geqq d$, d. h.

$$0 \leq \|h - (f^* + cf)\|^2 - \|h - f^*\|^2 = -\bar{c}(h - f^*, f) - c(f, h - f^*) + c\bar{c}\|f\|^2.$$

Man setze $c = \lambda(h - f^*, f)$, λ reell; es ergibt sich:

$$-2\lambda|(h - f^*, f)|^2 + \lambda^2|(h - f^*, f)|^2\|f\|^2 \geq 0.$$

Dies ist aber für jedes λ nur so möglich, daß $(h - f^*, f) = 0$. Also ist $g = h - f^*$ zu f orthogonal. Da $\|g\| = d \neq 0$, ist g das gewünschte Element.

Ist $\{\mathfrak{M}_\omega\}$ ($\omega \in \Omega$) ein willkürliches System von Linearmannigfaltigkeiten (bzw. Unterräumen), so ist auch ihr Durchschnitt eine Linearmannigfaltigkeit (bzw. ein Unterraum); man bezeichnet ihn mit $\prod\limits_{\omega \in \Omega} \mathfrak{M}_\omega$ (im Falle eines endlichen Systems schreibt man auch $\mathfrak{M}_1 \cdot \mathfrak{M}_2 \cdots \mathfrak{M}_n$). Die durch $\{\mathfrak{M}_\omega\}$ aufgespannte Linearmannigfaltigkeit bezeichnet man mit $\sum\limits_{\omega \in \Omega} \mathfrak{M}_\omega$ (im Falle eines endlichen Systems schreibt man auch $\mathfrak{M}_1 + \mathfrak{M}_2 + \cdots + \mathfrak{M}_n$). Sind die $\mathfrak{M}_\omega$ paarweise orthogonale Unterräume, so schreibt man $\sum\limits_{\omega \in \Omega} \oplus \mathfrak{M}_\omega$ statt $\left[\sum\limits_{\omega \in \Omega} \mathfrak{M}_\omega\right]$ (im Falle eines endlichen Systems: $\mathfrak{M}_1 \oplus \mathfrak{M}_2 \oplus \cdots \oplus \mathfrak{M}_n$). $\sum\limits_{\omega \in \Omega} \oplus \mathfrak{M}_\omega$ besteht offenbar aus denjenigen Elementen von $\mathfrak{R}$, die sich in der Form $\sum\limits_{\omega \in \Omega} f_\omega$ ($f_\omega \in \mathfrak{M}_\omega$) mit konvergentem $\sum\limits_{\omega \in \Omega} \|f_\omega\|^2$ darstellen lassen (f_ω ist dann notwendig für höchstens abzählbar unendlich viele Indizes von 0 verschieden).

Sind $\mathfrak{M}$ und $\mathfrak{N}$ Unterräume, $\mathfrak{M} \supseteq \mathfrak{N}$, so bezeichnet $\mathfrak{M} \ominus \mathfrak{N}$ die Menge derjenigen $f \in \mathfrak{M}$, die orthogonal zu $\mathfrak{N}$ sind; $\mathfrak{M} \ominus \mathfrak{N}$ ist offenbar ein Unterraum und heißt das *orthogonale Komplement* von $\mathfrak{N}$ in $\mathfrak{M}$. *Es gilt:* $\mathfrak{M} = \mathfrak{N} \oplus (\mathfrak{M} \ominus \mathfrak{N})$. Zum Beweis bezeichne man $\mathfrak{N} \oplus (\mathfrak{M} \ominus \mathfrak{N})$ zunächst mit $\mathfrak{L}$; es gilt offenbar $\mathfrak{L} \subseteq \mathfrak{M}$. Wäre $\mathfrak{L}$ nicht dicht in $\mathfrak{M}$, so würde es nach dem soeben bewiesenen Satz (auf den Unterraum $\mathfrak{M}$ statt $\mathfrak{R}$ angewendet) ein zu $\mathfrak{L}$ orthogonales Element $g \neq 0$ in $\mathfrak{M}$ geben. Da g dann insbesondere orthogonal zu $\mathfrak{N}$ wäre, müßte es zu $\mathfrak{M} \ominus \mathfrak{N}$ und damit zu $\mathfrak{L}$ gehören, was aber unmöglich ist. Also ist $\mathfrak{L}$ in $\mathfrak{M}$ dicht, und da $\mathfrak{L}$ ein Unterraum (also abgeschlossen) ist, fällt $\mathfrak{L}$ mit $\mathfrak{M}$ zusammen.

---

[1] Beweis nach F. RIESZ [**4**], der ohne Dimensionsbeschränkungen für $\mathfrak{R}$ gilt; Übertragung einer von B. LEVI für das DIRICHLETsche Prinzip verwendeten Schlußweise. Ein Korollar zu diesem Satz (im wesentlichen der erste Satz in I. 4) wurde etwas früher von FRIEDRICHS [**1**] (S. 476—477) ebenfalls mit einer Variationsmethode bewiesen.

4. Lineare Operationen. Schwache Konvergenz.

Die auf einer Linearmannigfaltigkeit $\mathfrak{L}$ definierte komplexwertige Funktion $L(f)$ heißt eine *lineare Operation*, wenn $L(c_1 f_1 + c_2 f_2) = c_1 L(f_1) + c_2 L(f_2)$ für beliebige f_1, f_2 aus $\mathfrak{L}$ und komplexe Zahlen c_1, c_2. $L(f)$ heißt beschränkt, wenn es eine Zahl M derart gibt, daß $|L(f)| \leqq M \|f\|$ für $f \in \mathfrak{L}$; dann ist $L(f)$ auch stetig, denn aus $f_n \to f$ folgt $|L(f_n) - L(f)| = |L(f_n - f)| \leqq M \|f_n - f\| \to 0$.[1]

Ist $L(f)$ eine auf $\mathfrak{R}$ definierte beschränkte lineare Operation, so gibt es ein und nur ein Element g^* in $\mathfrak{R}$ derart, daß $L(f) = (f, g^*)$ für jedes $f \in \mathfrak{R}$.[2]

Die Eindeutigkeit eines solchen g^* ist klar. Seine Existenz zeigt man so.

Die Menge derjenigen f, für die $L(f) = 0$, ist offenbar ein Unterraum $\mathfrak{M}$ von $\mathfrak{R}$. $\mathfrak{M}$ ist entweder der ganze Raum $\mathfrak{R}$, und dann ist $L(f) = (f, 0)$, oder aber es gibt nach I. 3 ein zu $\mathfrak{M}$ orthogonales Element $g \neq 0$. Man setze dann $g^* = \dfrac{\overline{L(g)}}{(g, g)}\, g$; die Gleichung $L(f) = (f, g^*)$ gilt dann sowohl für $f = g$ als auch für alle Elemente f von $\mathfrak{M}$. Ist nun f beliebig aus $\mathfrak{R}$, so gehört $f_1 = f - cg$ für $c = \dfrac{L(f)}{L(g)}$ offenbar zu $\mathfrak{M}$; also hat man $L(f) = L(f_1 + cg) = L(f_1) + cL(g) = (f_1, g^*) + (cg, g^*) = (f, g^*)$.

Ist L_n eine Folge von stetigen linearen Operationen, so daß $L_n(f)$ für jedes einzelne f beschränkt ist, so haben die L_n eine gemeinsame Schranke[3].

Wegen der Linearität genügt es zu zeigen, daß die $L_n(f)$ beschränkt sind, falls f in einer festen Kugel $\mathfrak{K}(\|f - g_0\| \leqq \delta)$ variiert (ist $|L_n(f)| \leqq c$ in $\mathfrak{K}$, so ist $|L_n(f)| \leqq \dfrac{2c}{\delta} \|f\|$ für beliebiges f). Wäre also der Satz falsch, so wären die $L_n(f)$ in jeder Kugel $\mathfrak{K}$ unbeschränkt, d. h. es gäbe zu jedem c ein f_0 in $\mathfrak{K}$ und ein n_0, so daß $|L_{n_0}(f_0)| > c$ ist. Aus Stetigkeitsgründen muß dann $L_{n_0}(f)| > c$ auch noch in einer geeigneten Kugel

---

[1] Umgekehrt folgt die Beschränktheit von $L(f)$ aus ihrer Stetigkeit, ja schon aus ihrer Stetigkeit für $f = 0$. Denn wäre $L(f)$ nicht beschränkt, so würde es eine Folge f_n so geben, daß $|L(f_n)| \geqq n \|f_n\|$. Für $g_n = \dfrac{f_n}{n \|f_n\|}$ wäre dann $|L(g_n)| \geqq 1$, obwohl $g_n \to 0$.

[2] FRÉCHET [1] (S. 439); Beweis nach RIESZ [4]. Die beschränkten linearen Operationen $L(f)$ eines BANACHschen Raumes bilden auch einen BANACHschen Raum mit der Norm $\|L\| = \max\limits_{\|f\| \leqq 1} |L(f)|$, dieser Raum heißt zum ursprünglichen *konjugiert*. Der konjugierte des Funktionenraumes L^p kann mit $L^{\frac{p}{p-1}}$ identifiziert werden. L^2 und mit ihm alle euklidischen Räume haben also (nach dem obigen Satze) die Eigenschaft, mit ihrem konjugierten Raum identisch zu sein.

[3] Dies ist ein spezieller Fall eines allgemeinen Satzes von BANACH [*] (S. 80): *Eine Folge von stetigen linearen Transformationen eines BANACHschen Raumes in einen anderen, die für jedes einzelne Element beschränkt ist, hat eine gemeinsame Schranke.* Die Beweisidee stammt im wesentlichen von OSGOOD [Nonuniform convergence and the integration of series term by term, Amer. J. Math. Bd. 19 (1897) S. 155—190].

um f_0 gelten, die noch als Teil von $\Re$ gewählt werdeı. kann — Es sei nun $\Re$ eine beliebige Kugel, $\Re_1$ eine Kugel in $\Re$, in der stets $|L_{n_1}(f)| > 1$ ist, und zwar sei ihr Radius < 1; $\Re_2$ eine Kugel in $\Re_1$, in der stets $|L_{n_2}(f)| > 2$; und zwar sei ihr Radius $< \frac{1}{2}$; usw. Da $\Re$ vollständig ist, gibt es ein f^*, das in allen Kugeln $\Re$, $\Re_1$, $\Re_2$, ... enthalten ist, und für dieses ist $|L_{n_1}(f^*)| > 1$, $|L_{n_2}(f^*)| > 2$, ..., entgegen der Annahme, daß $L_n(f^*)$ beschränkt ist.

Eine Folge g_n von Elementen aus $\Re$ heißt *schwach* gegen g^* konvergent, in Zeichen: $g_n \longrightarrow g^*$, wenn für jedes f aus $\Re$ gilt: $(g_n, f) \to (g^*, f)$. Insbesondere ist jede gegen g^* konvergente Folge auch schwach gegen g^* konvergent.

Jede schwach konvergente Folge g_n ist beschränkt[1].

$L_n(f) = (f, g_n)$ ist ja eine konvergente Folge stetiger linearer Operationen, folglich haben sie eine gemeinsame Schranke C. Insbesondere gilt $|L_n(g_n)| \leqq C\|g_n\|$, also $\|g_n\|^2 \leqq C\|g_n\|$, $\|g_n\| \leqq C$.

Aus jeder beschränkten unendlichen Teilmenge von $\Re$ läßt sich eine schwach konvergente Teilfolge herausgreifen.

Es genügt offenbar, den Beweis für abzählbare Teilmengen zu erbringen. Es sei also eine Folge f_1, f_2, f_3, ... gegeben, $\|f_n\| \leqq C$. Da $|(f_n, f_1)| \leqq \|f_n\| \cdot \|f_1\| \leqq C\|f_1\|$, kann man eine Teilfolge $\{f_n^{(1)}\}$ von $\{f_n\}$ derart auswählen, daß die Zahlenfolge $(f_n^{(1)}, f_1)$ konvergiert. Ebenso kann man dann aus $\{f_n^{(1)}\}$ eine Teilfolge $\{f_n^{(2)}\}$ derart auswählen, daß auch $(f_n^{(2)}, f_2)$ konvergiert, usw. Für die diagonale Teilfolge $g_n = f_n^{(n)}$ ist dann (g_n, f_k) für jedes feste k konvergent. Dann konvergiert aber (g_n, h) auch für jede endliche Linearkombination h der f_k. Ist h^* ein Häufungselement solcher Linearkombinationen, $h^* = \lim h_k$, so folgt aus

$$|(g_n, h^*) - (g_m, h^*)| \leqq |(g_n, h_k) - (g_m, h_k)| + |(g_n, h^* - h_k)| + |(g_m, h^* - h_k)|$$
$$\leqq |(g_n, h_k) - (g_m, h_k)| + 2C\|h^* - h_k\|,$$

daß auch (g_n, h^*) konvergiert. Also konvergiert (g_n, f) für jedes Element f des durch die Folge $\{f_n\}$ aufgespannten Unterraumes $\mathfrak{M}$. Da aber für die Elemente $f \in \Re \ominus \mathfrak{M}$ identisch $(g_n, f) = 0$ gilt, ist (g_n, f) für *jedes* f aus $\Re$ konvergent.

Nun wird durch $L(f) = \lim_{n \to \infty} (f, g_n)$ eine lineare und beschränkte Operation definiert (es ist ja $|L(f)| \leqq C\|f\|$), also gibt es ein g^*, so daß $L(f) = (f, g^*)$. Dies bedeutet aber eben, daß g_n schwach gegen g^* konvergiert.

5. Beschränkte lineare Transformationen.

Eine Transformation T von $\Re$ in sich heißt linear, wenn die Gleichung $T(af + bg) = aTf + bTg$ für jedes Elementenpaar f, g aus $\Re$

---

[1] Vgl. Hellinger-Toeplitz [1] (S. 318), s. auch Delsarte [*] (S. 5).

und für jedes Zahlenpaar a, b gilt[1]. Sie ist beschränkt, wenn es eine Zahl C derart gibt, daß $\|Tf\| \leq C\|f\|$ für jedes f aus $\Re$ gilt; die kleinste solche „Schranke" C wird mit $\|T\|$ bezeichnet. Eine beschränkte lineare Transformation (b. lin. Tr.) T ist stetig, denn aus $f_n \to f$ folgt wegen $\|Tf_n - Tf\| = \|T(f_n - f)\| \leq \|T\|\|f_n - f\|$ auch $Tf_n \to Tf$.[2]

Die identische Transformation wird mit I, diejenige aber, die jedes Element in 0 überführt, wird mit O bezeichnet.

Numerische Vielfache, Summen und Produkte von b. lin. Tr. definiert man so: $(cT)f = c(Tf)$, $(T_1 + T_2)f = T_1 f + T_2 f$, $(T_1 T_2)f = T_1(T_2 f)$. Man hat $\|cT\| = |c|\|T\|$, $\|T_1 + T_2\| \leq \|T_1\| + \|T_2\|$, $\|T_1 T_2\| \leq \|T_1\|\|T_2\|$. Man schreibt $T_1 = T_2$, wenn $T_1 f = T_2 f$ für jedes f aus $\Re$.

T_1 und T_2 heißen *vertauschbar*, in Zeichen $T_1 \mathfrak{v} T_2$, wenn $T_1 T_2 = T_2 T_1$.

Die Folge T_n *konvergiert stark (kurz: konvergiert) gegen* T, in Zeichen: $T_n \to T$ oder $T = \lim T_n$, wenn $T_n f \to Tf$ für jedes $f \in \Re$. Mit den T_n ist auch T linear; wenn $\|T_n\| \leq C$ für jedes n, dann auch $\|T\| \leq C$. *Wenn $T_n \to T$, $T'_n \to T'$ und $\|T_n\| \leq C$ (für jedes n), dann $T_n T'_n \to T T'$.* Man hat ja

$$\|T_n T'_n f - T T' f\| = \|T_n(T'_n f - T' f) + (T_n - T) T' f\| \leq C\|T'_n f - T' f\|$$
$$+ \|T_n T' f - T T' f\| \to 0.$$

Gilt sogar $\|T_n - T\| \to 0$, so sagt man, T_n *konvergiere gleichmäßig gegen* T; in Zeichen: $T_n \rightrightarrows T$. *Aus $T_n \rightrightarrows T$, $T'_n \rightrightarrows T'$ und $\|T_n\| \leq C$ folgt wieder $T_n T'_n \rightrightarrows T T'$.*

Die Folge T_n *konvergiert schwach gegen* T, in Zeichen $T_n \rightharpoonup T$, wenn $T_n f \rightharpoonup Tf$ für jedes f. *Aus $T_n \rightharpoonup T$, $T'_n \to T'$ und $\|T_n\| \leq C$ folgt $T_n T'_n \rightharpoonup T T'$.* Für beliebige f und g hat man ja

$$|(T_n T'_n f - T T' f, g)| \leq |(T_n(T'_n - T')f, g)| + |((T_n - T) T' f, g)|$$
$$\leq C\|T'_n f - T' f\|\|g\| + |((T_n - T) T' f, g)| \to 0.$$

Offenbar ist jede gleichmäßig konvergente Folge auch stark, jede stark konvergente konvergente Folge auch schwach konvergent.

Es sei bemerkt, daß man in den letzten drei Aussagen die Voraussetzung: $\|T_n\| \leq C$ weglassen kann. Es gilt nämlich der Satz:

Ist T_n eine schwach konvergente Folge von beschränkten linearen Transformationen, so haben die T_n eine gemeinsame Schranke.

Für jedes f ist $T_n f$ schwach konvergent, folglich (nach I. 4) beschränkt. Aus der Beschränktheit der Elementenfolge $T_n f$ (für jedes einzelne f) folgt die Existenz einer gemeinsamen Schranke für die T_n

---

[1] Häufig wendet man in der Literatur das Wort „Operator" statt „Transformation" an.

[2] Umgekehrt folgt die Beschränkheit von T aus ihrer Stetigkeit, ja schon aus ihrer Stetigkeit für $f = 0$, was man mit demselben Schluß wie in Fußnote 1, S. 9 einsieht. Dieser Satz stammt von Hellinger und Toeplitz [1], dort wird er als ein Satz über quadratische Formen unendlich vieler Veränderlichen ausgesprochen.

mit derselben Schlußweise, die in I. 4 für Folgen linearer Operationen angewendet wurde[1].

Ist T eine beschränkte lineare Tr., so ist $L_g(f) = (Tf, g)$ für jedes feste g eine beschränkte lineare Operation. Nach I. 4 gibt es also ein eindeutig bestimmtes g^* derart, daß $(Tf, g) = (f, g^*)$. Die durch $T^*g = g^*$ erklärte Transformation T^* ist offenbar linear, sie heißt die *Adjungierte* von T. Setzt man in die Gleichung

$$(3) \qquad (Tf, g) = (f, T^*g)$$

$f = T^*g$ ein, so erhält man $(T^*g, T^*g) = (TT^*g, g) \leq \|TT^*g\|\,\|g\|$ $\leq \|T\|\,\|T^*g\|\,\|g\|$, also $\|T^*g\| \leq \|T\|\,\|g\|$, d. h. $\|T^*\| \leq \|T\|$. Aus der Symmetrie der Relation (3) folgt $(T^*)^* = T$, folglich ist auch $\|T\| \leq \|T^*\|$. Also ist $\|T\| = \|T^*\|$.

Es ist $\|T^*T\| = \|T\|^2$. Denn einerseits hat man $\|T^*T\| \leq \|T^*\|\,\|T\| = \|T\|^2$, andererseits gilt für jedes f mit $\|f\| = 1$: $\|T^*Tf\| \geq (T^*Tf, f) = (Tf, Tf)$ $= \|Tf\|^2$, also $\|T^*T\| \geq \|T\|^2$.

Offenbar hat man: $(cT)^* = \bar{c}\,T^*$, $(T_1 + T_2)^* = T_1^* + T_2^*$, $(T_1T_2)^*$ $= T_2^*T_1^*$, aus $T_n \to T$ folgt $T_n^* \to T^*$.

$T \mathfrak{vv} \{T_\alpha\}$ soll bedeuten: Jede mit allen Transformationen des Systems $\{T_\alpha\}$ vertauschbare selbstadjungierte b. lin. Tr. A (d. h. für die $A = A^*$) ist auch mit T vertauschbar. — Immer ist z. B. $\lim T_n \mathfrak{vv}\{T_n\}$.

Die b. lin. Tr. T eines separablen Raumes $\Re$ kann man auch durch Matrizes darstellen. Ist $\mathfrak{o} = \{\varphi_k\}$ ein vollständiges orthonormales System in $\Re$, so hat T in bezug auf $\mathfrak{o}$ die Matrix (T) mit den Elementen $T_{ki} = (T\varphi_i, \varphi_k)$; da $T\varphi_i = \sum_k T_{ki}\varphi_k$, wird T durch (T) eindeutig bestimmt. Man hat offenbar $(cT)_{ik} = cT_{ik}$, $(T + S)_{ik} = T_{ik} + S_{ik}$, $(TS)_{ik} = \sum_j T_{ij}S_{jk}$, $T_{ik}^* = \overline{T_{ki}}$.[2]

Für spätere Zwecke (X. 3) beweisen wir noch den folgenden Satz:

Aus einer beliebigen Menge $\{A\}$ von beschränkten linearen Transformationen eines separablen Raumes $\Re$ kann man eine Folge A_1, A_2, ... derart auswählen, daß jedes $A \in \{A\}$ Limes einer passenden Teilfolge A_{n_k} und zugleich A^* Limes von $A_{n_k}^*$ ist[3].

Ohne Beschränkung der Allgemeinheit darf man annehmen, daß es eine Zahl C derart gibt, daß $\|A\| \leq C$ für jedes $A \in \{A\}$. Man bilde den Raum $\mathfrak{H} = \Re \times \Re \times \Re \times \cdots$, dessen Elemente die Folgen $\{f_1, f_2, \ldots\}$

---

[1] Siehe Anmerkung 3, S. 9.

[2] In der älteren Theorie wurde fast ausschließlich diese Matrixdarstellung benutzt, vgl. z. B. den Bericht von HELLINGER-TOEPLITZ [*]; s. auch WINTNER [*]. Die Vorteile der abstrakten Formulierung gegenüber der Matrixdarstellung zeigen sich erst bei unbeschränkten lin. Tr., wo die Matrixdarstellung auf Schwierigkeiten stößt, vgl. v. NEUMANN [3].

[3] v. NEUMANN [2] (S. 386—388); in seinem Beweis benützt er die Matrixdarstellung der Transformationen A.

aus $\mathfrak{R}$ sind, für die $\sum_{k=1}^{\infty} \|f_k\|^2$ konvergiert. Sei g_1, g_2, ... eine in $\mathfrak{R}$ dichte Folge von 0 verschiedener Elemente. Die Elemente von $\mathfrak{H}$ von der Form

$$\{g_{n_1}, g_{n_2}, \ldots, g_{n_r}, 0, 0, 0, \ldots\}$$

(mit beliebigem r) bilden eine in $\mathfrak{H}$ dichte abzählbare Menge; also ist auch $\mathfrak{H}$ separabel.

Jedem $A \in \{A\}$ ordnen wir eine Folge

$$\varphi_A = \left\{ \frac{A g_1}{\|g_1\|}, \frac{A^* g_1}{\|g_1\|}, \frac{A g_2}{2\|g_2\|}, \frac{A^* g_2}{2\|g_2\|}, \ldots, \frac{A g_n}{2^{n-1}\|g_n\|}, \frac{A^* g_n}{2^{n-1}\|g_n\|}, \ldots \right\}$$

zu. Da

$$\sum_{n=1}^{\infty} \left(\left\| \frac{A g_n}{2^{n-1}\|g_n\|} \right\|^2 + \left\| \frac{A^* g_n}{2^{n-1}\|g_n\|} \right\|^2 \right) \leq \sum_{n=1}^{\infty} 2 \frac{C^2}{2^{2n-2}} = \frac{8 C^2}{3},$$

ist φ_A ein Element von $\mathfrak{H}$. Als Teilmenge des separablen Raumes $\mathfrak{H}$, ist die Menge aller φ_A ($A \in \{A\}$) auch separabel, d. h. es gibt eine Folge φ_{A_1}, φ_{A_2}, ... derart, daß jedes φ_A Limes einer passenden Teilfolge $\varphi_{A_{n_i}}$ ist. Dann ist aber jede Komponente von φ_A Limes der entsprechenden Komponenten von $\varphi_{A_{n_i}}$, d. h.

$$A g_n = \lim_{i \to \infty} A_{n_i} g_n \quad \text{und} \quad A^* g_n = \lim_{i \to \infty} A_{n_i}^* g_n \qquad (n = 1, 2, \ldots).$$

Für jedes $f \in \mathfrak{R}$ und für jedes n ist aber

$$\|A f - A_{n_i} f\| \leq \|A f - A g_n\| + \|A g_n - A_{n_i} g_n\| + \|A_{n_i} g_n - A_{n_i} f\|$$

$$\leq \|A\| \|f - g_n\| + \|A g_n - A_{n_i} g_n\| + \|A_{n_i}\| \|g_n - f\| \leq 2C\|f - g_n\| + \|A g_n - A_{n_i} g_n\|,$$

also

$$\varlimsup_{i \to \infty} \|A f - A_{n_i} f\| \leq 2C\|f - g_n\|.$$

Da die g_n dicht in $\mathfrak{R}$ liegen, folgt hieraus $\varlimsup_{i \to \infty} \|A f - A_{n_i} f\| = 0$, also $A_{n_i} f \to A f$. Ebenso folgt, daß $A_{n_i}^* f \to A^* f$. Die Folge A_1, A_2, ... besitzt also die im Satz behauptete Eigenschaft.

II. Beschränkte selbstadjungierte und normale Transformationen.

1. Selbstadjungierte Transformationen.

Die b. lin. Tr. A heißt *selbstadjungiert*, wenn $A^* = A$.[1] Die reellen Vielfachen cA sowie die Summen und Limites selbstadjungierter Transformationen sind offenbar auch selbstadjungiert. Mit A und B ist AB dann und nur dann selbstadjungiert, wenn $A \flat B$. Insbesondere sind mit A auch $A^2 = AA$, $A^3 = AAA$ usw. selbstadjungiert.

---

[1] v. Neumann nennt sie „Hermitesch".

Für eine selbstadjungierte Tr. A ist (Af, f) immer reell, es ist ja $\overline{(Af, f)} = (f, Af) = (Af, f)$. Wenn für die selbstadjungierten Tr. A und B immer $(Af, f) \geqq (Bf, f)$ gilt, dann schreibt man: $A \geqq B$ oder $B \leqq A$. Wenn insbesondere $A \geqq O$, dann soll A positiv heißen. Die größte Zahl m und die kleinste Zahl M, für die die Ungleichungen $mI \leqq A \leqq MI$ gelten, sollen die untere bzw. die obere Grenze von A heißen. Eine leichte Rechnung zeigt, daß $\|A\| = \max\{|m|, |M|\}$.[1] Hieraus folgt, daß $A \geqq B$ und $A \leqq B$ gleichzeitig nur dann gelten, wenn $A = B$. Dann ist ja identisch $(Af, f) = (Bf, f)$, folglich sind die untere und obere Grenzen von $A - B$, und damit auch $\|A - B\|$ gleich 0; woraus $A - B = O$, $A = B$ folgt.

Das Produkt zweier miteinander vertauschbarer positiver selbstadjungierter Transformationen ist wieder positiv[2].

Beweis. Es sei $A \geqq O$, $B \geqq O$, $A \between B$. Offenbar darf man $A \neq O$, also $\|A\| > 0$ voraussetzen. Eine Folge von selbstadjungierten Tr. $A_1, A_2, A_3, \ldots$ sei folgendermaßen definiert:

$$A_1 = \frac{1}{\|A\|} A, \quad A_2 = A_1 - A_1^2, \quad A_3 = A_2 - A_2^2, \quad \ldots, \quad A_{n+1} = A_n - A_n^2, \quad \ldots.$$

Es wird behauptet, daß für jedes n gilt: $O \leqq A_n \leqq I$. Für $n = 1$ ist das klar. Gilt es für $n = k$, so folgt aus den Relationen

$$A_{k+1} = A_k^2(I - A_k) + A_k(I - A_k)^2 \quad \text{und} \quad I - A_{k+1} = (I - A_k) + A_k^2,$$

daß es auch für $n = k + 1$ besteht. Es genügt in der Tat, nur zu bemerken, daß eine Tr. von der Form $H_1^2 H_2$, wo H_1, H_2 selbstadjungiert, $H_2 \geqq O$ und $H_1 \between H_2$ sind, ebenfalls positiv ist[3].

Nun hat man: $A_1 = A_1^2 + A_2^2 + \cdots + A_n^2 + A_{n+1}$, woraus wegen $A_{n+1} \geqq O$ folgt:

$$\sum_{k=1}^{n} (A_k f, A_k f) = \sum_{k=1}^{n} (A_k^2 f, f) = (A_1 f, f) - (A_{n+1} f, f) \leqq (A_1 f, f).$$

Also ist $\sum_{k=1}^{\infty} \|A_k f\|^2$ konvergent und folglich $\|A_n f\| \to 0$. Also hat man

$$\left(\sum_{1}^{n} A_k^2\right) f = A_1 f - A_{n+1} f \to A_1 f \quad \text{für} \quad n \to \infty.$$

---

[1] $C = \max\{|m|, |M|\}$ ist das Maximum von $|(Af, f)|/\|f\|^2$ für $f \neq 0$. Wegen $|(Af, f)| \leqq \|Af\| \|f\| \leqq \|A\| \cdot \|f\|^2$ ist $C \leqq \|A\|$. — Sei f beliebig, $\neq 0$, und setze man $c = (\|Af\|/\|f\|)^{\frac{1}{2}}$ und $g = \frac{1}{c} Af$. Man hat: $\|Af\|^2 = (Acf, g) = \frac{1}{4}(A(cf + g), cf+g)$ $- \frac{1}{4}(A(cf - g), cf - g) \leqq \frac{1}{4} C\|cf + g\|^2 + \frac{1}{4} C\|cf - g\|^2 = \frac{1}{2} C[\|cf\|^2 + \|g\|^2]$ $= \frac{1}{2} C\left[c^2\|f\|^2 + \frac{1}{c^2}\|Af\|^2\right] = C\|f\|\|Af\|$; also $\|Af\| \leqq C\|f\|$, folglich $C \geqq \|A\|$. Also $C = \|A\|$.

[2] Beweis nach Riesz [2] (S. 33).

[3] $(H_1^2 H_2 f, f) = (H_1 H_2 f, H_1 f) = (H_2 H_1 f, H_1 f) \geqq 0$.

Da B offenbar mit allen A_k vertauschbar ist, folgt hieraus

$$(BAf, f) = \|A\|(BA_1 f, f) = \|A\|\lim_{n\to\infty}\sum_1^n (BA_k^2 f, f) = \|A\|\lim_{n\to\infty}\sum_1^n (BA_k f, A_k f) \geqq 0,$$

womit die Positivität des Produktes BA bewiesen ist.

Es sei A_n eine monoton steigende Folge miteinander vertauschbarer selbstadjungierter Transformationen: $A_1 \leqq A_2 \leqq A_3 \leqq \cdots$, und es gebe eine mit allen A_n vertauschbare selbstadjungierte Transformation B, die die ganze Folge majorisiert, d. h., es sei $A_n \leqq B$. Dann konvergiert die Folge A_n gegen eine selbstadjungierte Transformation A, und es gilt $A \leqq B$. — Für monoton abnehmende Folgen gilt ein analoger Satz.

Zum Beweis[1] betrachte man zuerst die monoton abnehmende Folge positiver Tr.: $H_n = B - A_n$. Nach dem eben bewiesenen Satz sind dann $(H_m - H_n)H_m$ und $H_n(H_m - H_n)$ für $m < n$ ebenfalls positiv; für jedes f gilt also

$$(1) \qquad (H_m^2 f, f) \geqq (H_m H_n f, f) \geqq (H_n^2 f, f).$$

Die monoton abnehmende positive Zahlenfolge $(H_n^2 f, f) = (H_n f, H_n f)$ hat gewiß einen (von f abhängigen) Grenzwert, wegen (1) muß $(H_m H_n f, f)$ für $m, n \to \infty$ gegen denselben Grenzwert streben. Daraus ergibt sich, daß für $m, n \to \infty$

$$\|(H_m - H_n)f\|^2 = ((H_m - H_n)^2 f, f) = (H_m^2 f, f) - 2(H_m H_n f, f) + (H_n^2 f, f) \to 0.$$

Also konvergiert $H_n f$ und damit auch $A_n f$, wie auch das Element f gewählt wurde. Die Gleichung $Af = \lim\limits_{n\to\infty} A_n f$ definiert eine lineare Tr. A. Sie ist offenbar selbstadjungiert und $\leqq B$.

Die selbstadjungierte Tr. B heißt Quadratwurzel der Tr. A, wenn $B^2 = A$ ist. Es gilt der folgende Satz:

Jede positive selbstadjungierte Transformation A hat eine und nur eine positive Quadratwurzel B und es ist $B \; \mathfrak{vv} \; A$.[2]

Es genügt offenbar, den Fall $A \leqq I$ zu betrachten. Die Folge der Tr. B_n sei folgendermaßen definiert: Es sei $B_0 = O$ und

$$(2) \qquad B_{n+1} = B_n + \tfrac{1}{2}(A - B_n^2);$$

alle B_n sind offenbar selbstadjungiert und $\mathfrak{vv}\, A$ (insbesondere ist $B_n \mathfrak{v} B_m$). Eine einfache Rechnung zeigt, daß

$$(3) \qquad I - B_{n+1} = \tfrac{1}{2}(I - B_n)^2 + \tfrac{1}{2}(I - A)$$

und

$$(4) \qquad B_{n+1} - B_n = \tfrac{1}{2}[(I - B_{n-1}) + (I - B_n)](B_n - B_{n-1}).$$

Es gilt $I - B_n \geqq O$. Für $n = 0$ ist das klar, für $n \geqq 1$ folgt das aus (3).

---

[1] Die Beweisidee ist von F. Riesz [2] (S. 33—34) entliehen.

[2] Wir beweisen die Existenz der Quadratwurzel mit der Methode von Visser [1], ihre Eindeutigkeit mit einer Schlußweise von v. Sz. Nagy [4]. Ein anderer, die Spektraldarstellung ebenfalls nicht benützender Beweis bei Wecken [1].

Wir behaupten, daß $B_n \leq B_{n+1}$. Für $n = 0$ ist das wahr, denn $B_1 = \frac{1}{2} A \geq O = B_0$. Gilt es für $n = k - 1$, so gilt es auch für $n = k$, da nach (4) $B_{k+1} - B_k$ Produkt der miteinander vertauschbaren und positiven Tr. $\frac{1}{2}[(I - B_{k-1}) + (I - B_k)]$ und $B_k - B_{k-1}$, also ebenfalls positiv ist.

Die monoton steigende, durch I majorisierte Folge B_n konvergiert nach dem oben bewiesenen Satz gegen eine selbstadjungierte Tr. B, die offenbar auch positiv und $\mathfrak{v}\mathfrak{v}\, A$ ist. Läßt man n über alle Grenzen wachsen, so ergibt (2): $B = B + \frac{1}{2}(A - B^2)$, also $A = B^2$. Somit ist eine positive Quadratwurzel B von A gefunden worden; es gilt $B\,\mathfrak{v}\mathfrak{v}\,A$.

Es sei nun C eine beliebige positive Quadratwurzel von A. Da AC und CA beide gleich C^3 sind, ist $C\,\mathfrak{v}\,A$, folglich auch $C\,\mathfrak{v}\,B$. $B^{\frac{1}{4}}$ und $C^{\frac{1}{4}}$ sollen je eine positive Quadratwurzel von B, bzw. C bedeuten (nach dem bisher Bewiesenen gibt es ja welche); f sei ein beliebiges Element aus $\mathfrak{R}$, und es sei $g = (B - C)f$. Man hat dann

$$\| B^{\frac{1}{4}} g \|^2 + \| C^{\frac{1}{4}} g \|^2 = (Bg, g) + (Cg, g) = ((B + C)(B - C)f, g)$$
$$= ((B^2 - C^2)f, g) = 0.$$

Also ist $B^{\frac{1}{4}} g = C^{\frac{1}{4}} g = 0$, und es gilt folglich auch: $Bg = B^{\frac{1}{4}} B^{\frac{1}{4}} g = 0$ und $Cg = C^{\frac{1}{4}} C^{\frac{1}{4}} g = 0$. Hieraus folgt endlich $\|(B - C)f\|^2 = ((B - C)^2 f, f)$ $= ((B - C)g, f) = 0$, also $Bf = Cf$. Da f beliebig war, ist $B = C$.

2. Projektionen.

Sei $\mathfrak{M}$ ein Unterraum von $\mathfrak{R}$. Nach I. 3 ist dann $\mathfrak{R} = \mathfrak{M} \oplus (\mathfrak{R} \ominus \mathfrak{M})$, also kann jedes Element $f \in \mathfrak{R}$ eindeutig in der Form $f = g + h$ mit $g \in \mathfrak{M}$, $h \in \mathfrak{R} \ominus \mathfrak{M}$ ausgedrückt werden[1]. Durch $Pf = g$ definiert man eine Transformation P, die offenbar linear ist und für die $P^2 = P$ gilt; sie heißt die *Projektion auf* $\mathfrak{M}$. $I - P$ ist dann die Projektion auf $\mathfrak{R} \ominus \mathfrak{M}$. P ist selbstadjungiert, denn ist $f = g + h$, $f' = g' + h'$, so folgt aus $(g, h') = (g', h) = 0$, daß $(g, f') = (g, g') = (f, g')$, d. h. $(Pf, f') = (f, Pf')$. Aus $P^2 = P$ und $(I - P)^2 = I - P$ folgt, daß $O \leq P \leq I$. Ist $\mathfrak{M} = \mathfrak{R}$, so ist $P = I$; besteht $\mathfrak{M}$ nur aus dem Nullelement, so ist $P = O$.

Umgekehrt ist jede beschränkte selbstadjungierte Transformation P mit $P^2 = P$ eine Projektion, und zwar auf den Unterraum $\mathfrak{M}$, der aus den Elementen von der Form Pf ($f \in \mathfrak{R}$) besteht (daß $\mathfrak{M}$ ein Unterraum ist, folgt aus der Linearität und Stetigkeit von P). Denn ist f beliebig aus $\mathfrak{R}$, so ist $Pf \in \mathfrak{M}$ und $f - Pf \in \mathfrak{R} \ominus \mathfrak{M}$, weil $f - Pf$ zu jedem Element $Pf' \in \mathfrak{M}$ orthogonal ist: $(f - Pf, Pf') = (Pf - P^2 f, f') = 0$.

Man bemerke, daß für eine Projektion P immer $(Pf, f) = \|Pf\|^2$ gilt.

Seien P und Q die Projektionen auf die Unterräume $\mathfrak{M}$ bzw. $\mathfrak{N}$. Man sieht die folgenden Tatsachen leicht ein: Wenn $P\,\mathfrak{v}\,Q$, dann ist

---

[1] Aus $g + h = g' + h'$ ($g, g' \in \mathfrak{M}$; $h, h' \in \mathfrak{R} \ominus \mathfrak{M}$) folgt ja $g - g' = h' - h$, also liegt $g - g'$ gleichzeitig in $\mathfrak{M}$ und $\mathfrak{R} \ominus \mathfrak{M}$, folglich ist $g - g' = 0$, $g = g'$ und $h = h'$.

PQ auch eine Projektion, und zwar auf $\mathfrak{M} \cdot \mathfrak{N}$. Ist P orthogonal zu Q, d. h. ist $PQ = O$ (dann ist auch $QP = (PQ)^* = O^* = O$), so ist $\mathfrak{M}$ orthogonal zu $\mathfrak{N}$, und $P + Q$ ist die Projektion auf $\mathfrak{M} \oplus \mathfrak{N}$. Ist $PQ = Q$ (dann ist auch $QP = (PQ)^* = Q^* = Q$), so ist $\mathfrak{M} \supseteq \mathfrak{N}$, und $P - Q$ ist die Projektion anf $\mathfrak{M} \ominus \mathfrak{N}$.

$PQ = Q$ *ist* übrigens *mit* $P \geqq Q$ *gleichbedeutend*. Denn es folgt aus $PQ = QP = Q$, daß $(P - Q)^2 = P - Q$, also $P - Q \geqq O$. Umgekehrt, es folgt aus $P \geqq Q$, daß $I - P \leqq I - Q$; für jedes f gilt also $\|(I - P)\, Qf\|^2 = ((I - P)\, Qf, Qf) \leqq ((I - Q)\, Qf, Qf) = 0$, d. h. $(I - P)\, Q = 0$, $Q = PQ$.

Aus $P \geqq Q$ folgt also insbesondere $P \mathfrak{v} Q$. Auf Grund von II. 1 ist also *jede monotone Folge von Projektionen konvergent*. Wenn $P_1 \geqq P_2 \geqq P_3 \geqq \cdots$, dann gilt für die entsprechenden Unterräume: $\mathfrak{M}_1 \supseteq \mathfrak{M}_2 \supseteq \mathfrak{M}_3 \supseteq \cdots$, und $\lim P_n$ ist die Projektion auf $\lim \mathfrak{M}_n = \prod\limits_{n=1}^{\infty} \mathfrak{M}_n$. Wenn $P_1 \leqq P_2 \leqq P_3 \leqq \cdots$, dann $\mathfrak{M}_1 \subseteq \mathfrak{M}_2 \subseteq \mathfrak{M}_3 \subseteq \cdots$, und $\lim P_n$ ist die Projektion auf $\lim \mathfrak{M}_n = \left[\sum\limits_{n=1}^{\infty} \mathfrak{M}_n\right]$. Sind Q_1, Q_2, Q_3, $\ldots$ paarweise orthogonale Projektionen, und sind $\mathfrak{N}_1$, $\mathfrak{N}_2$, $\mathfrak{N}_3$, $\ldots$ die entsprechenden (paarweise orthogonalen) Unterräume, so bilden die Partialsummen $P_n = \sum\limits_{k=1}^{n} Q_k$ eine steigende Folge von Projektionen, folglich existiert $\sum\limits_{k=1}^{\infty} Q_k$ und ist die Projektion auf $\sum\limits_{k=1}^{\infty} \oplus \mathfrak{N}_k$.

Sind P_1, P_2 vertauschbar, aber nicht notwendig orthogonal, so ist $P_1 \dotplus P_2 = P_1 + P_2 - P_1 P_2$ auch eine Projektion, und zwar auf $\mathfrak{M}_1 \oplus (\mathfrak{M}_2 \ominus \mathfrak{M}_1 \cdot \mathfrak{M}_2) = \mathfrak{M}_1 + \mathfrak{M}_2$. $P_1 \dotplus P_2 \dotplus \cdots \dotplus P_n = \sum\limits_{i} P_i - \sum\limits_{i<j} P_i P_j + \sum\limits_{i<j<k} P_i P_j P_k - \cdots + (-1)^{n+1} \prod\limits_{i} P_i$ ist, wenn alle P_i vertauschbar sind, die Projektion auf $\mathfrak{M}_1 + \mathfrak{M}_2 + \cdots + \mathfrak{M}_n$. Mat hat offenbar $(P_1 \dotplus P_2 \dotplus \cdots \dotplus P_n) \mathfrak{v} \{P_i\}$.

Allgemeiner, ist $\{P_\omega\}$ ($\omega \in \Omega$) ein beliebiges System vertauschbarer Projektionen und ist $\{\mathfrak{M}_\omega\}$ das System der entsprechenden Unterräume, so definiert man $\sum\limits_{\omega \in \Omega} \dotplus P_\omega$ als die Projektion P auf $\left[\sum\limits_{\omega \in \Omega} \mathfrak{M}_\omega\right]$. *Man hat*: $\sum\limits_{\omega \in \Omega} \dotplus P_\omega \mathfrak{v} \{P_\omega\}$. Beweis: Sei f beliebig aus $\mathfrak{N}$; $g = Pf$ ist dann in $\left[\sum\limits_{\omega \in \Omega} \mathfrak{M}_\omega\right]$, folglich ist es Limes einer Folge g_n aus $\sum\limits_{\omega \in \Omega} \mathfrak{M}_\omega$. Da g_n eine endliche Linearkombination ist, gibt es endlich viele $\mathfrak{M}$, etwa $\mathfrak{M}_1^{(n)}$, $\mathfrak{M}_2^{(n)}$, $\ldots$, $\mathfrak{M}_{r_n}^{(n)}$, so daß $g_n \in \sum\limits_{i=1}^{r_n} \mathfrak{M}_i^{(n)}$. Sei nun B eine beschränkte selbstadjungierte Transformation mit der Eigenschaft $B \mathfrak{v} \{P_\omega\}$. Dann ist $B \mathfrak{v} \sum\limits_{i=1}^{r_n} \dotplus P_i^{(n)}$, folglich

$$B\,Pf = \lim_{n \to \infty} B g_n = \lim_{n \to \infty} B \left(\sum_{i=1}^{r_n} \dotplus P_i^{(n)}\right) g_n = \lim_{n \to \infty} \left(\sum_{i=1}^{r_n} \dotplus P_i^{(n)}\right) B g_n.$$

Da $\left(\sum\limits_{i=1}^{r_n} \dotplus P_i^{(n)}\right) B g_n \in \sum\limits_{i=1}^{r_n} \mathfrak{M}_i^{(n)} \subseteq \sum\limits_{\omega \in \Omega} \mathfrak{M}_\omega$, ist $B\,P\!f \in \left[\sum\limits_{\omega \in \Omega} \mathfrak{M}_\omega\right]$, folglich ist
$P B P f = B P f$. Hieraus folgt $P B P = B P$, also $P B = (B P)^* = (P B P)^*$
$= P B P = B P$, w. z. b. w.

$\prod\limits_{\omega \in \Omega} P_\omega$ definiert man als die Projektion auf $\prod\limits_{\omega \in \Omega} \mathfrak{M}_\omega$; man hat
wieder: $\prod\limits_{\omega \in \Omega} P_\omega \mathfrak{v}\mathfrak{v} \{P_\omega\}$, was am leichtesten aus der Beziehung

$$\prod\limits_{\omega \in \Omega} P_\omega = I - \sum\limits_{\omega \in \Omega} \dotplus (I - P_\omega)$$

folgt.

Sind die Projektionen des Systems $\{P_\omega\}$ paarweise orthogonal, so
schreibt man statt $\sum\limits_{\omega \in \Omega} \dotplus P_\omega$ einfach $\sum\limits_{\omega \in \Omega} P_\omega$, dies ist die Projektion
auf $\sum\limits_{\omega \in \Omega} \oplus \mathfrak{M}_\omega$.

3. Normale und unitäre Transformationen.

Die beschränkte lineare Transformation N heißt *normal*, wenn $N \mathfrak{v} N^*$,
oder, was auf dasselbe hinauskommt, wenn $\|N f\| = \|N^* f\|$ für jedes $f \in \mathfrak{R}$.
In der Tat, wenn $N \mathfrak{v} N^*$, dann $\|N f\|^2 = (N f, N f) = (N^* N f, f) = (N N^* f, f)$
$= (N^* f, N^* f) = \|N^* f\|^2$; umgekehrt, aus $\|N f\| = \|N^* f\|$ folgt $(N^* N f, f)$
$= (N N^* f, f)$ für jedes f, folglich müssen die selbstadjungierten Transformationen $N^* N$ und $N N^*$ übereinstimmen.

Da $\|N^2 f\| = \|N^* N f\|$, ist $\|N^2\| = \|N^* N\|$. Wegen der allgemein gül-
tigen Gleichung $\|T^* T\| = \|T\|^2$ (siehe I. 5) folgt hieraus für normale
Transformationen: $\|N^2\| = \|N\|^2$.

Mit N ist auch $c N$ normal. Mit N_1 und N_2 sind auch $N_1 + N_2$
und $N_1 N_2$ normal, z. B. wenn $N_1 \mathfrak{v} N_2^*$ (dann ist auch $N_1^* \mathfrak{v} N_2$).

Insbesondere sind alle selbstadjungierten Transformationen auch
normal. Sind A_1 und A_2 selbstadjungiert, und $A_1 \mathfrak{v} A_2$, so ist $A_1 + i A_2$
normal; jede normale Transformation N läßt eine solche Darstellung
zu, man hat nur $A_1 = \tfrac{1}{2}(N + N^*)$ und $A_2 = \dfrac{1}{2 i}(N - N^*)$ zu setzen.

Eine lineare Transformation U heißt *unitär*, wenn $U^* U = U U^* = I$.
Jede unitäre Transformation ist also auch normal. Es gilt $(U f, U g)$
$= (U^* U f, g) = (f, g)$, also insbesondere $\|U f\| = \|f\|$, folglich $\|U\| = 1$.
Sind U_1 und U_2 unitär, so ist es offenbar auch $U_1 U_2$.

III. Integrale beschränkter Funktionen
in bezug auf eine Spektralschar.

1. Spektralscharen.

Eine einparametrige Schar $\{E_\lambda\}$ $(-\infty < \lambda < \infty)$ von Projektionen
heißt eine Spektralschar, wenn

a) $E_\lambda \leqq E_\mu$ *für* $\lambda < \mu$,

b) $E_{\lambda+0} = E_\lambda$,[1]

c) $\lim_{\lambda \to -\infty} E_\lambda = O$ *und* $\lim_{\lambda \to \infty} E_\lambda = I$.

Wegen der Monotonie der Schar existiert auch $E_{\lambda-0}$ und ist jedenfalls $\leqq E_\lambda$. Es liegt auf der Hand, $E_{-\infty} = O$ und $E_\infty = I$ zu setzen.

Als unmittelbare Verallgemeinerung dieses Begriffes erhält man den folgenden:

Eine n-parametrige Schar $\{E_{\lambda_1, \lambda_2, \ldots, \lambda_n}\}$ $(-\infty < \lambda_k < \infty)$ *von Projektionen heißt eine Spektralschar, wenn die folgenden Bedingungen erfüllt sind:*

a) $E_{\lambda_1, \lambda_2, \ldots, \lambda_n} \cdot E_{\mu_1, \mu_2, \ldots, \mu_n} = E_{\nu_1, \nu_2, \ldots, \nu_n}$ *mit* $\nu_i = \min\{\lambda_i, \mu_i\}$.

b) *wenn* μ_k *für jedes* k *abnehmend gegen* λ_k *strebt, dann strebt* $E_{\mu_1, \mu_2, \ldots, \mu_n}$ *gegen* $E_{\lambda_1, \lambda_2, \ldots, \lambda_n}$,

c) $E_{\lambda_1, \lambda_2, \ldots, \lambda_n} \to O$, *wenn mindestens ein* $\lambda_k \to -\infty$ *und* $E_{\lambda_1, \lambda_2, \ldots \lambda_n} \to I$, *wenn alle* $\lambda_k \to \infty$.

Sind die Projektionen der einparametrigen Spektralscharen $\{E_\lambda^{(1)}\}$, $\{E_\lambda^{(2)}\}$, $\ldots$, $\{E_\lambda^{(n)}\}$ alle miteinander vertauschbar, so ist $\{E_{\lambda_1}^{(1)} E_{\lambda_2}^{(2)} \ldots E_{\lambda_n}^{(n)}\}$ eine n-parametrige Spektralschar. Man kann leicht sehen, daß, umgekehrt, jede n-parametrige Spektralschar in dieser Form dargestellt werden kann.

Die zweiparametrigen Spektralscharen heißen auch *komplexe Spektralscharen* oder Spektralscharen auf der Gaussschen Ebene **G**, da man das reelle Zahlenpaar $\{\lambda_1, \lambda_2\}$ auch als eine komplexe Zahl $z = \lambda_1 + i\lambda_2$ betrachten kann; man schreibt dann K_z für E_{λ_1, λ_2}.

Einparametrige Spektralscharen werden im Folgenden auch kurz Spektralscharen genannt.

Für weitere Verallgemeinerungen siehe VII. 3.

2. Integral einer Treppenfunktion.

Wir wollen dem symbolischen Integral $\int\limits_{-\infty}^{\infty} F(\lambda)\, dE_\lambda$ einen Sinn geben, wo $\mathsf{E} = \{E_\lambda\}$ eine Spektralschar und $F(\lambda)$ eine reell- oder komplexwertige beschränkte Funktion ist.

Zunächst ordnen wir jedem (endlichen oder unendlichen) Intervall δ eine Projektion $E(\delta)$ folgendermaßen zu: Je nachdem δ das Intervall $[a, b]$, (a, b), $(a, b]$ oder $[a, b)$ bedeutet, soll $E(\delta)$ bzw. gleich $E_b - E_{a-0}$, $E_{b-0} - E_a$, $E_b - E_a$, $E_{b-0} - E_{a-0}$ sein. Die zu punktfremden Intervallen δ', δ'' gehörigen $E(\delta')$, $E(\delta'')$ sind dann orthogonale Projektionen. Zerlegt man δ in endlich oder abzählbar unend-

---

[1] $E_{\lambda+0}$ ist der Limes von E_μ, wenn μ fallend gegen λ strebt. b) ist übrigens keine wesentliche Eigenschaft, man könnte ebensowohl $E_{\lambda-0} = E_\lambda$, oder auch gar nichts fordern; dann hätte man nur statt E_λ immer mit den Grenzwerten $E_{\lambda-0}$ und $E_{\lambda+0}$ zu operieren.

lich viele, paarweise punktfremde Teilintervalle δ_1, δ_2, ..., so ist $E(\delta) = \sum_k E(\delta_k)$. Endlich ist $E(-\infty, \infty) = I$.

Es sei nun $F(\lambda)$ eine beschränkte Treppenfunktion; es existiere also eine Zerlegung Z der Zahlengeraden in endlich oder abzählbar unendlich viele paarweise punktfremde Intervalle δ_1, δ_2, ..., so daß $F(\lambda)$ auf δ_k einen konstanten Wert c_k hat, $|c_k| \leqq M$ ($k = 1, 2, 3, ...$); als Teilungspunkte von Z können neben den Sprungstellen von $F(\lambda)$ evtl. auch andere Punkte auftreten. Die Reihe $\sum_k c_k E(\delta_k)$, falls unendlich, konvergiert gegen eine beschränkte Transformation. Aus der Orthogonalität der $E(\delta_k)$ und aus $\sum_{k=1}^{\infty} E(\delta_k) = I$ folgt ja:

$$\left\| \sum_{k=m+1}^{n} c_k E(\delta_k) f \right\|^2 = \sum_{k=m+1}^{n} |c_k|^2 \|E(\delta_k) f\|^2 \leqq M^2 \sum_{k=m+1}^{n} \|E(\delta_k) f\|^2$$

$$= M^2 \left[\left\| \sum_{k=1}^{n} E(\delta_k) f \right\|^2 - \left\| \sum_{k=1}^{m} E(\delta_k) f \right\|^2 \right] \to M^2 [\|f\|^2 - \|f\|^2] = 0 \text{ für } m, n \to \infty,$$

und wegen

$$\left\| \sum_{k=1}^{\infty} c_k E(\delta_k) f \right\|^2 = \lim_{n \to \infty} \sum_{k=1}^{n} |c_k|^2 \|E(\delta_k) f\|^2 \leqq M^2 \lim_{n \to \infty} \sum_{k=1}^{n} \|E(\delta_k) f\|^2 = M^2 \|f\|^2$$

hat $\sum_k c_k E(\delta_k)$ die Schranke M. Wir setzen $\int_{-\infty}^{\infty} F(\lambda) dE_\lambda = \sum_k c_k E(\delta_k)$, diese Definition ist von der besonderen Wahl von Z offenbar unabhängig.

Das so definierte Integral der Funktion $F(\lambda)$ in bezug auf $\mathsf{E} = \{E_\lambda\}$ sei kurz auch mit $F(\mathsf{E})$ bezeichnet. Es besitzt offenbar die folgenden Eigenschaften:

1. *Wenn* $F(\lambda) \equiv 0$ *bzw.* $\equiv 1$, *dann* $F(\mathsf{E}) = O$ *bzw.* $= I$.

2. *Aus* $F(\lambda) = a_1 F_1(\lambda) + a_2 F_2(\lambda)$ *folgt*: $F(\mathsf{E}) = a_1 F_1(\mathsf{E}) + a_2 F_2(\mathsf{E})$.

3. *Aus* $F(\lambda) = F_1(\lambda) \cdot F_2(\lambda)$ *folgt*: $F(\mathsf{E}) = F_1(\mathsf{E}) \cdot F_2(\mathsf{E})$.

4. $F(\mathsf{E})$ *ist normal und* $\|F(\mathsf{E})\| \leqq \max|F(\lambda)|$. *Ist* $F(\lambda)$ *reellwertig, so ist* $F(\mathsf{E})$ *selbstadjungiert. Ist* $F(\lambda) \geqq 0$, *so ist* $F(\mathsf{E}) \geqq O$.

5. $[F(\mathsf{E})]^* = \overline{F}(\mathsf{E})$, *wo* $\overline{F}(\lambda)$ *die konjugiert-komplexe Funktion von* $F(\lambda)$ *bezeichnet.*

6. $F(\mathsf{E}) \mathfrak{v} \mathfrak{v} \mathsf{E}$.

7. *Für jedes* f *und* g *gilt*:

$$(F(\mathsf{E})f, g) = \int_{-\infty}^{\infty} F(\lambda) d(E_\lambda f, g), \qquad \|F(\mathsf{E})f\|^2 = \int_{-\infty}^{\infty} |F(\lambda)|^2 d\|E_\lambda f\|^2;$$

wo rechts gewöhnliche STIELTJES*sche Integrale stehen.*

8. *Wenn* $F_n(\lambda)$ *eine beschränkte, gegen* $F(\lambda)$ *strebende Funktionenfolge ist, dann strebt* $F_n(\mathsf{E})$ *gegen* $F(\mathsf{E})$.

Die Eigenschaften 1 und 4—7 folgen unmittelbar aus der Definition. 2 und 3 beweist man, indem man eine solche Zerlegung von $(-\infty, \infty)$ betrachtet, auf deren Teilintervallen $F_1(\lambda)$ und $F_2(\lambda)$ beide konstant sind; dann ist $a_1 F_1(\mathsf{E}) + a_2 F_2(\mathsf{E}) = a_1 \sum_k c_{1k} E(\delta_k) + a_2 \sum_k c_{2k} E(\delta_k)$

$$= \sum_k (a_1 c_{1k} + a_2 c_{2k}) E(\delta_k) = F(\mathsf{E}) \text{ und (wegen der Orthogonalität der}$$

$E(\delta_k))$: $F_1(\mathsf{E}) \cdot F_2(\mathsf{E}) = \sum_k c_{1k} E(\delta_k) \cdot \sum_h c_{1h} E(\delta_h) = \sum_k c_{1k} c_{2k} E(\delta_k) = F(\mathsf{E})$.

8 folgt aus 2 und 7 und aus dem LEBESGUEschen Integralsatze für gewöhnliche STIELTJESsche Integrale, denn

$$\|(F_n(\mathsf{E}) - F(\mathsf{E}))f\|^2 = \int_{-\infty}^{\infty} |F_n(\lambda) - F(\lambda)|^2 d\|E_\lambda f\|^2 \to 0.$$

3. Integral stetiger oder zu einer BAIREschen Klasse gehöriger beschränkter Funktionen.

Es sei $F(\lambda)$ auf $(-\infty, \infty)$ gleichmäßig stetig und beschränkt. Es sei $Z_n = \{\delta_{nk}\}$ eine Folge von Zerlegungen von $(-\infty, \infty)$, so daß $\max_k \delta_{nk} \to 0$ für $n \to \infty$. Es sei λ_{nk} ein beliebiger Punkt von δ_{nk}. Für jedes n sei eine Treppenfunktion $F_n(\lambda)$ folgendermaßen definiert: Auf δ_{nk} ist $F_n(\lambda) = F(\lambda_{nk})$; die Folge $F_n(\lambda)$ strebt dann gleichmäßig gegen $F(\lambda)$. Wegen

$$\|F_n(\mathsf{E}) - F_m(\mathsf{E})\| \leqq \max |F_n(\lambda) - F_m(\lambda)|$$

ist $F_n(\mathsf{E})$ gleichmäßig konvergent. Die Limestransformation $\lim F_n(\mathsf{E})$ ist von der Wahl der Zerlegungsfolge und der λ_{nk} offenbar unabhängig; das Integral von $F(\lambda)$ in bezug auf E definiert man eben durch diese Limestransformation, also durch

$$\int_{-\infty}^{\infty} F(\lambda) dE_\lambda = \lim_{n \to \infty} \sum_k F(\lambda_{nk}) E(\delta_{nk}).$$

Kurz wird dieses Integral wieder auch mit $F(\mathsf{E})$ bezeichnet. Die Eigenschaften 1—6 aus III. 2 bleiben im Limes beibehalten, also gelten sie auch für die jetzt betrachteten Funktionen. Auch 7 gilt, es ist ja

$$(F(\mathsf{E})f, g) = \lim_{n \to \infty} \sum_k F(\lambda_{nk})(E(\delta_{nk})f, g) = \int_{-\infty}^{\infty} F(\lambda) d(E_\lambda f, g)$$

und

$$\|F(\mathsf{E})f\|^2 = \lim_{n \to \infty} \|F_n(\mathsf{E})f\|^2 = \lim_{n \to \infty} \int_{-\infty}^{\infty} |F_n(\lambda)|^2 d\|E_\lambda f\|^2 = \int_{-\infty}^{\infty} |F(\lambda)|^2 d\|E_\lambda f\|^2.$$

Somit gilt auch 8.

Es sei nun $F(\lambda)$ eine beschränkte Funktion, die zur ersten BAIREschen Klasse gehört, $|F(\lambda)| \leqq M$. Man wähle eine Folge $F_k(\lambda)$ gleichmäßig stetiger Funktionen, so daß $F_k(\lambda) \to F(\lambda)$, $|F_k(\lambda)| \leqq M$. Aus $\lim_{m, n \to \infty} (F_n(\lambda) - F_m(\lambda)) = 0$ folgt (Eigenschaft 8): $\lim_{n, m \to \infty} (F_n(\mathsf{E}) - F_m(\mathsf{E})) = 0$. Also ist auch die Transformationsfolge $F_n(\mathsf{E})$ konvergent. Die Limestransformation ist gleichfalls durch M beschränkt. Sie kann von der speziellen Wahl der Folge $F_k(\lambda)$ natürlich nicht abhängen; das Integral $\int\limits_{-\infty}^{\infty} F(\lambda)\,dE_\lambda$ (oder kurz $F(\mathsf{E})$) wird eben durch sie definiert. Die Eigenschaften 1—8 bleiben wieder gültig, nur handelt es sich jetzt in 7 um LEBESGUE-STIELTJESsche Integrale.

Von den Funktionen der ersten BAIREschen Klasse gelangt man auf analoge Weise Schritt für Schritt zu Funktionen, die in einer beliebigen höheren BAIREschen Klasse enthalten sind; die Eigenschaften 1—8 bleiben dabei immer erhalten.

Zwei Funktionen, die sich voneinander nur im Inneren von solchen Intervallen unterscheiden, auf denen E_λ konstant ist (Konstanzintervallen), haben in bezug auf E offenbar das gleiche Integral. Ist insbesondere $E_\lambda = \begin{cases} O & \text{für } \lambda < m, \\ I & \text{für } \lambda \geq M, \end{cases}$ so hängt das Integral von $F(\lambda)$ vom Verhalten von $F(\lambda)$ außerhalb $[m, M]$ nicht ab; wir dürfen in diesem Falle statt $\int\limits_{-\infty}^{\infty} F(\lambda)\,dE_\lambda$ auch $\int\limits_{m}^{M} F(\lambda)\,dE_\lambda$ schreiben.

Eine Ausdehnung des Integralbegriffes auf nichtbeschränkte Funktionen wird in VII geschehen.

4. Integrale in bezug auf eine mehrparametrige Spektralschar.

Das Integral einer beschränkten Funktion $F(\lambda_1, \lambda_2, \ldots, \lambda_n)$ in bezug auf eine n-parametrige Spektralschar $\mathsf{E} = \{E_{\lambda_1, \lambda_2, \ldots, \lambda_n}\}$ läßt sich auf analoge Weise einführen. Zuerst wird jedem n-dimensionalen „halbabgeschlossenen" Intervall $\delta = \{a_1 < \lambda_1 \leq b_1,\ a_2 < \lambda_2 \leq b_2,\ \ldots,\ a_n < \lambda_n \leq b_n\}$ die Projektion $E(\delta) = \prod\limits_{i=1}^{n} (E_{b_1 b_2 \ldots b_{i-1} b_i b_{i+1} \ldots b_n} - E_{b_1 b_2 \ldots b_{i-1} a_i b_{i+1} \ldots b_n})$ zugeordnet. Den offenen und den teils abgeschlossenen Intervallen ordnet man ebenfalls Projektionen zu, nur sind dann in der Definitionsformel die entsprechenden a_i bzw. b_i durch $a_i - 0$ bzw. $b_i - 0$ zu ersetzen. Haben die Intervalle δ' und δ'' keine gemeinsamen Punkte, so sind $E(\delta')$ und $E(\delta'')$ orthogonal. Zerlegt man δ in endlich oder abzählbar unendlich viele paarweise punktfremde Intervalle: $\delta_1, \delta_2 \ldots$, so ist $E(\delta) = \sum E(\delta_i)$. Bedeutet endlich R_n den ganzen (n-dimensionalen) Parameterraum, so ist $E(\mathsf{R}_n) = I$.

Man kann die Integrale der Treppenfunktionen, der stetigen Funktionen und der Funktionen höherer BAIREschen Klassen Schritt für Schritt ebenso definieren, wie dies im linearen Falle geschehen ist. Die Eigenschaften 1—8 (III. 2) bleiben dabei gültig. Es sei bemerkt, daß, wenn $E_{\lambda_1, \lambda_2, \ldots, \lambda_n}$ Produkt der linearen Spektralscharen $E_\lambda^{(1)}, E_\lambda^{(2)}, \ldots, E_\lambda^{(n)}$ ist, dann

$$\int\limits_{\mathsf{R}_n} f_1(\lambda_1) f_2(\lambda_2) \ldots f_n(\lambda_n)\,dE_{\lambda_1, \lambda_2, \ldots, \lambda_n} = \int\limits_{-\infty}^{\infty} f_1(\lambda)\,dE_\lambda^{(1)} \cdot \int\limits_{-\infty}^{\infty} f_2(\lambda)\,dE_\lambda^{(2)} \ldots \int\limits_{-\infty}^{\infty} f_n(\lambda)\,dE_\lambda^{(n)}.$$

IV. Kanonische Spektraldarstellung beschränkter selbstadjungierter und normaler Transformationen.

1. Spektraldarstellung beschränkter selbstadjungierter Transformationen.

Es sei A eine beschränkte selbstadjungierte Transformation, B sei die positive Quadratwurzel von A^2 (nach II. 1). Die Transformationen $A^+ = \frac{1}{2}(B + A)$ und $A^- = \frac{1}{2}(B - A)$ heißen der *positive* bzw. *negative Teil* von A; man hat $A = A^+ - A^-$.

Die Menge derjenigen Elemente f, für die $A^+ f = 0$, sei mit $\mathfrak{L}$ bezeichnet, sie ist offenbar ein Unterraum von $\mathfrak{R}$. Ist E die Projektion auf $\mathfrak{L}$, so hat man $A^+ E = O$.

Aus $B \triangledown\triangledown A^2$ folgt $B \triangledown\triangledown A$, also auch $A^+ \triangledown\triangledown A$ und $A^- \triangledown\triangledown A$. Es gilt auch $E \triangledown\triangledown A$, was man folgendermaßen einsieht. Sei $C \triangledown A$, dann ist auch $C \triangledown A^+$; die Gleichung $A^+ C f = C A^+ f$ zeigt, daß $C f \in \mathfrak{L}$, sobald $f \in \mathfrak{L}$. Hieraus folgt, daß $CE = ECE$. Ist C selbstadjungiert, so folgt hieraus $EC = (CE)^* = (ECE)^* = ECE = CE$, d. h. $C \triangledown E$.

Aus $B \triangledown A$ folgt $A^+ A^- = \frac{1}{4}(B^2 - A^2)$; also ist $A^+ A^- = O$. Hieraus folgt, daß alle Elemente von der Form $A^- f$ zu $\mathfrak{L}$ gehören, also, daß $E A^- = A^-$. Da E, A^+ und A^- vertauschbar sind, hat man

(1) $$E A^- = A^- E = A^- \quad \text{und} \quad E A^+ = A^+ E = O.$$

Da $A^+ + A^-$ gleich B, also positiv ist, hat man nach II. 1:

(2) $A^- = E A^- + E A^+ = E B \geqq O, \ A^+ = B - A^- = B - E B = (I - E) B \geqq O.$

Endlich folgt aus $A = A^+ - A^-$:

(3) $$A E = A^+ E - A^- E = -A^-, \qquad A(I - E) = A + A^- = A^+.$$

Wir werden das Gesagte auf $A_\lambda = A - \lambda I$ (λ reell), statt auf A selbst, anwenden; B_λ, A_λ^+, A_λ^- und E_λ seien die zugehörigen Transformationen. Aus $B_\lambda \triangledown\triangledown A_\lambda$, $A_\lambda^+ \triangledown\triangledown A_\lambda$ usw. folgt offenbar auch $B_\lambda \triangledown\triangledown A$, $A_\lambda^+ \triangledown\triangledown A$ usw.; insbesondere sind alle Transformationen A_λ, B_μ, A_ν^+, A_σ^-, E_τ miteinander vertauschbar.

Es wird behauptet, daß $\{E_\lambda\}$ eine Spektralschar ist, und daß

$$A = \int_{-\infty}^{\infty} \lambda \, dE_\lambda.$$

Da A_λ^- nach (2) positiv ist, und da A_λ eine monoton abnehmende Funktion des Parameters ist, hat man für $\lambda < \mu$:

$$A_\lambda^+ - A_\mu^+ + A_\mu^- \geqq A_\lambda^+ - A_\mu^+ + A_\mu^- - A_\lambda^- = A_\lambda - A_\mu \geqq O.$$

Da auch $A_\mu^+ \geqq O$, so ist:

$$A_\mu^+ (A_\lambda^+ - A_\mu^+ + A_\mu^-) \geqq O.$$

Dies ergibt, mit Rücksicht auf $A_\mu^+ A_\mu^- = O$,

$$(A_\mu^+ A_\lambda^+ f, f) \geqq ((A_\mu^+)^2 f, f) = \|A_\mu^+ f\|^2.$$

Wenn also $A_\lambda^+ f$ für ein f gleich 0 ist, dann muß auch $A_\mu^+ f$ gleich 0 sein; womit gezeigt ist, daß $E_\mu E_\lambda = E_\lambda$.

Nachdem die Monotonie von E_λ bewiesen wurde, zeigen wir, daß $E_\lambda = O$ für $\lambda < m$ und $E_\lambda = I$ für $\lambda \geqq M$ (m, M bezeichnen die untere bzw. obere Grenze von A). Zuerst sei $\lambda < m$, dann ist A_λ positiv, folglich ist, wegen der Eindeutigkeit der positiven Quadratwurzel, B_λ gleich A_λ, und somit A_λ^+ auch gleich A_λ. Aus $(A_\lambda f, f) \geqq (m - \lambda)(f, f)$ folgt, daß die Gleichung $A_\lambda f = 0$ nur für $f = 0$ statthat, d. h. $E_\lambda = O$. Nun sei $\lambda \geqq M$; dann ist $-A_\lambda \geqq O$, also $B_\lambda = -A_\lambda$, $A_\lambda^+ = O$ und somit $E_\lambda = I$.

Jetzt betrachten wir ein Intervall $\delta = (\lambda, \mu]$; für die Projektion $E(\delta) = E_\mu - E_\lambda$ gilt:

$$(4) \qquad E_\mu E(\delta) = (I - E_\lambda) E(\delta) = E(\delta).$$

Da die Produkte $A_\mu^- E(\delta)$, $A_\lambda^+ E(\delta)$, zusammen mit A_μ^-, A_λ^+ und $E(\delta)$, positiv sind, hat man, mit Rücksicht auf (3) und (4),

$$(\mu I - A) E(\delta) = -A_\mu E(\delta) = -A_\mu E_\mu E(\delta) = A_\mu^- E(\delta) \geqq O,$$
$$(A - \lambda I) E(\delta) = A_\lambda E(\delta) = A_\lambda (I - E_\lambda) E(\delta) = A_\lambda^+ E(\delta) \geqq O.$$

Anders geschrieben heißt dies:

$$(5) \qquad \lambda E(\delta) \leqq A E(\delta) \leqq \mu E(\delta).$$

Läßt man μ abnehmend gegen das feste λ streben, so wird die Projektion $E(\delta) = E_\mu - E_\lambda$ ebenfalls abnehmen und so wird sie, nach II. 1, gegen eine Projektion $P(\lambda)$ konvergieren. (5) ergibt im Grenzfall:

$$\lambda P(\lambda) \leqq A P(\lambda) \leqq \lambda P(\lambda),$$

d. h. $A P(\lambda) = \lambda P(\lambda)$, $A_\lambda P(\lambda) = O$. Nach (3) wird also auch $A_\lambda^+ P(\lambda) = (I - E_\lambda) A_\lambda P(\lambda) = O$. Dies bedeutet, daß $P(\lambda) f$ für jedes f in $\mathfrak{L}_\lambda$ enthalten ist, d.h. $E_\lambda P(\lambda) = P(\lambda)$. Vergleicht man dieses Resultat mit der Gleichung $(I - E_\lambda) P(\lambda) = P(\lambda)$, Grenzfall von (4), so erhält man: $P(\lambda) = O$. Damit ist gezeigt, daß E_λ eine von rechts stetige Funktion des Parameters ist.

$\{E_\lambda\}$ ist also wirklich eine Spektralschar; E_λ ist auf $(-\infty, m)$ und $[M, \infty)$ konstant gleich O bzw. I.

Es sei nun $Z_n = \{\delta_{nk}\}$ eine Folge von Zerlegungen von $(-\infty, \infty)$, so daß $\max_k \delta_{nk} \to 0$ für $n \to \infty$; es sei $\delta_{nk} = (\lambda_{nk}, \mu_{nk}]$. Aus (5) folgt für jedes n:

$$\sum_k \lambda_{nk} E(\delta_{nk}) \leqq \sum_k A E(\delta_{nk}) \leqq \sum_k \mu_{nk} E(\delta_{nk}).$$

Da die mittlere Summe gleich A ist, und da die beiden anderen Summen für $n \to \infty$ definitionsgemäß gegen $\int\limits_m^M \lambda \, dE_\lambda$ konvergieren, hat man

$$A = \int\limits_m^M \lambda \, dE_\lambda.$$

Es sei $\{E'_\lambda\}$ eine beliebige andere Spektralschar, so daß E'_λ außerhalb $[m, M]$ konstant gleich O bzw. I ist, und für die ebenfalls gilt: $A = \int\limits_m^M \lambda \, dE'_\lambda$.

Dann folgt aus den Eigenschaften $1-3$ des Integrals (III. 2), daß die Gleichung

$$\int\limits_m^M P(\lambda) \, dE_\lambda = \int\limits_m^M P(\lambda) \, dE'_\lambda$$

nicht nur für $P(\lambda) \equiv \lambda$, sondern auch für jedes beliebige Polynom $P(\lambda)$ von λ statthat. Sei a eine reelle Zahl und wählen wir eine Folge $P_n(\lambda)$ von Polynomen, die auf $[m, M]$ beschränkt ist und gegen die Funktion

$$e_a(\lambda) = \begin{cases} 1 & \text{für } \lambda \leq a \\ 0 & \text{für } \lambda > a \end{cases}$$

strebt. Dann hat man $P_n(\mathsf{E}) \to e_a(\mathsf{E}) = E_a$, $P_n(\mathsf{E}') \to e_a(\mathsf{E}') = E'_a$, also $E_a = E'_a$. Also ist $\{E'_\lambda\}$ identisch mit $\{E_\lambda\}$. Damit ist der folgende grundlegende Satz bewiesen[1]:

Zu jeder beschränkten selbstadjungierten Transformation A mit den Grenzen m und M gibt es eine und nur eine Spektralschar $\{E_\lambda\}$ derart, daß E_λ außerhalb des Intervalles $[m, M]$ konstant ist, und für die

$$A = \int\limits_m^M \lambda \, dE_\lambda$$

gilt. Es ist $E_\lambda \mathfrak{v}\mathfrak{v} A$.

2. Spektraldarstellung beschränkter normaler Transformationen.

Sei N eine beschränkte normale Transformation. $A_1 = \tfrac{1}{2}(N + N^*)$ und $A_2 = \dfrac{1}{2i}(N - N^*)$ sind dann selbstadjungiert, miteinander vertauschbar und es gilt $N = A_1 + iA_2$. Ferner ist $\|A_1\| \leq \|N\|$ und $\|A_2\| \leq \|N\|$.

Sei $A_1 = \int\limits_{-\infty}^{\infty} \lambda \, dE_\lambda^{(1)}$ und $A_2 = \int\limits_{-\infty}^{\infty} \lambda \, \delta E_\lambda^{(2)}$ (vgl. IV. 1). Da $E_x^{(1)} \mathfrak{v}\mathfrak{v} A_1$, $E_y^{(2)} \mathfrak{v}\mathfrak{v} A_2$ und $A_1 \mathfrak{v} A_2$, hat man auch $E_x^{(1)} \mathfrak{v} E_y^{(2)}$. Man bilde die komplexe Spektralschar $K_z = E_x^{(1)} E_y^{(2)}$ $(z = x + iy)$. Man hat $\int\limits_{\mathsf{G}} x \, dK_z = \int\limits_{-\infty}^{\infty} x \, dE_x^{(1)} \cdot \int\limits_{-\infty}^{\infty} dE_y^{(2)} = A_1 \cdot I = A_1$, wo G die komplexe z-Ebene bedeutet, und ebenso $\int\limits_{\mathsf{G}} y \, dK_z = A_2$, also $N = A_1 + iA_2 = \int\limits_{\mathsf{G}} (x + iy) \, dK_z = \int\limits_{\mathsf{G}} z \, dK_z$. Da $E_\lambda^{(1)}$ und $E_\lambda^{(2)}$ außerhalb

---

[1] Für weitere Beweise dieses von HILBERT stammenden fundamentalen Satzes siehe HILBERT [1], HELLINGER [2], RIESZ [1], [2], v. NEUMANN [1], STONE [1], LENGYEL-STONE [1], WECKEN [1], sowie RIESZ [*] (Kap. 5), WINTNER [*] (Kap. 5), STONE [*] (Kap. 5). Siehe noch Fußnote 1, S. 50.

$[-\|N\|, \|N\|]$ gewiß konstant sind, handelt es sich hier im wesentlichen um eine Integration auf dem Quadrat $(-\|N\| \leq x, y \leq \|N\|)$. Genauer, es handelt sich hier um eine Integration auf dem *Kreise* $|z| \leq \|N\|$, da für jedes außerhalb dieses Kreises gelegene Rechteck δ gilt: $K(\delta) = O$. Denn ist $e_\delta(z) = 1$ auf δ und $= 0$ sonst, so hat man $\int\limits_G e_\delta(z)\,dK_z = K(\delta)$ und

$$\int\limits_G e_\delta(z)\,(\|N\|^2 - \bar{z}z)\,dK_z = K(\delta)\,(\|N\|^2 \cdot I - N^*N) \geq O,$$

obwohl der Integrand auf δ negativ, sonst gleich 0 ist; also muß $K(\delta) = O$ sein.

Aus $B \mathfrak{b} N$ und $B = B^*$ folgt $B \mathfrak{b} N^*$, somit $B \mathfrak{b} A_1$ und $B \mathfrak{b} A_2$, daher auch $B \mathfrak{b} E_\lambda^{(1)}$, $B \mathfrak{b} E_\lambda^{(2)}$ und $B \mathfrak{b} K_z$. Also ist $K_z \mathfrak{b} \mathfrak{b} N$.

Zu jeder beschränkten normalen Transformation N gibt es eine und nur eine komplexe Spektralschar $\{K_z\}$ so, daß K_z außerhalb des Kreises $|z| \leq \|N\|$ nicht variiert (d. h. $K(\delta) = O$ für jedes Rechteck δ außerhalb dieses Kreises), und für die

$$N = \int\limits_G z\,dK_z.$$

Man hat $K_z \mathfrak{b} \mathfrak{b} N$.[1]

Die Eindeutigkeit von $\{K_z\}$ beweist man ähnlich wie bei den selbstadjungierten Transformationen.

Es werde jetzt der spezielle Fall einer **unitären** Transformation U betrachtet. Sei $U = \int\limits_G z\,dK_z$; da $\|U\| = 1$, handelt es sich hier um eine Integration auf $|z| \leq 1$.

Für $0 \leq \varphi \leq 2\pi$ sei gesetzt: $e_\varphi(z) = \begin{cases} 1, \text{ wenn } |z| = 1 \text{ und } 0 < \arg z \leq \varphi, \\ 0 \text{ sonst,} \end{cases}$

und sei $E_\varphi = \int\limits_G e_\varphi(z)\,dK_z$. Da $(e_\varphi(z))^2 = e_\varphi(z)$, $e_\psi(z) \geq e_\varphi(z)$ für $\psi \geq \varphi$, $\lim\limits_{\psi \to \varphi + 0} e_\psi(z) = e_\varphi(z)$ und $e_0(z) \equiv 0$, ist $\{E_\varphi\}$ eine rechtsstetige monotone Schar von Projektionen mit $E_0 = O$. Da für $|z| \leq 1$ offenbar $e_{2\pi}(z) = \lim\limits_{n \to \infty} (\bar{z}z)^n$ gilt, ist $E_{2\pi} = \lim\limits_{n \to \infty} (U^*U)^n = I$. Setzt man $E_\varphi = O$ für $\varphi < 0$ und $E_\varphi = I$ für $\varphi > 2\pi$, so wird $\{E_\varphi\}$ eine Spektralschar.

Sei $\varepsilon > 0$ gegeben. Sei $0 = \varphi_0 < \varphi_1 < \varphi_2 < \cdots < \varphi_n = 2\pi$; $\varphi_k - \varphi_{k-1} < \varepsilon$. Dann ist

$$\left| z\,e_{2\pi}(z) - \sum_{k=1}^n e^{i\varphi_k}\big(e_{\varphi_k}(z) - e_{\varphi_{k-1}}(z)\big) \right| = \left| \sum_{k=1}^n (z - e^{i\varphi_k})\big(e_{\varphi_k}(z) - e_{\varphi_{k-1}}(z)\big) \right| < \varepsilon.$$

also ist auch

$$\left\| U E_{2\pi} - \sum_{k=1}^n e^{i\varphi_k}(E_{\varphi_k} - E_{\varphi_{k-1}}) \right\| < \varepsilon.$$

Daher ist

$$U = U E_{2\pi} = \int\limits_0^{2\pi} e^{i\varphi}\,dE_\varphi.$$

---

[1] Wintner [1] S. 281, v. Neumann [2].

Gäbe es noch eine Spektralschar $\{E'_\varphi\}$ mit $E'_0 = O$, $E'_{2\pi} = I$ und

$$\int_0^{2\pi} e^{i\varphi} dE'_\varphi = U, \text{ so hätte man für } n = 0, 1, 2, \ldots:$$

$$\int_0^{2\pi} e^{in\varphi} dE_\varphi = U^n = \int_0^{2\pi} e^{in\varphi} dE'_\varphi \quad \text{und} \quad \int_0^{2\pi} e^{-in\varphi} dE_\varphi = (U^*)^n = \int_0^{2\pi} e^{-in\varphi} dE'_\varphi,$$

also auch für jedes trigonometrische Polynom $t(\varphi)$:

$$\int_0^{2\pi} t(\varphi) dE_\varphi = \int_0^{2\pi} t(\varphi) dE'_\varphi.$$

Man wende diese Gleichung auf eine Folge $t_n(\varphi)$ von trigonometrischen Polynomen an, die beschränkt ist und auf $[0, 2\pi]$ gegen die Funktion

$$\chi_a(\varphi) = \begin{cases} 1 & \text{für } 0 < \varphi \leq a \\ 0 & \text{für } \varphi = 0 \text{ und für } a < \varphi \leq 2\pi \end{cases} \quad \text{strebt, wobei } a \text{ eine beliebig}$$

gegebene Zahl zwischen 0 und 2π ist. Man erhält: $t_n(\mathsf{E}) \to \chi_a(\mathsf{E}) = E_a$ und $t_n(\mathsf{E}') \to \chi_a(\mathsf{E}') = E'_a$, also ist $E_a = E'_a$.

Somit haben wir den folgenden Satz[1]:

Zu jeder unitären Transformation U gehört eine und nur eine Spektralschar $\{E_\varphi\}$, für die $E_0 = O$, $E_{2\pi} = I$ und

$$U = \int_0^{2\pi} e^{i\varphi} dE_\varphi.$$

Es gilt $E_\varphi \mathfrak{v}\mathfrak{v} U$.

V. Verallgemeinerung des Begriffs einer Transformation. Nichtbeschränkte selbstadjungierte und normale Transformationen.

1. Allgemeine Betrachtungen.

Bisher haben wir nur solche Transformationen von $\Re$ in sich betrachtet, die für jedes Element f von $\Re$ definiert und beschränkt sind. Jetzt soll der Begriff einer Transformation folgendermaßen verallgemeinert werden.

Eine Transformation T ist eine Funktion, die den Elementen f aus einer Menge $\mathfrak{D}_T \subseteq \Re$ Werte $g = Tf$ aus $\Re$ zuordnet, während sie den Elementen außerhalb $\mathfrak{D}_T$ nichts zuordnet[2]. $\mathfrak{D}_T$ heißt der *Definitionsbereich*

---

[1] WINTNER [1], v. NEUMANN [1] (S. 119), FRIEDRICHS [4], WECKEN [1], STONE [*] (S. 302), TEICHMÜLLER [1] (§ 14). Der oben angeführte Beweis lehnt sich am meisten an v. NEUMANN.

[2] Sind die Werte $g = Tf$ aus einem anderen Raum $\Re'$, so spricht man von einer Transformation von $\Re$ in $\Re'$. Die Sätze von V. 1—2 bleiben mit sinngemäßen Veränderungen auch für solche Transformationen gültig, vgl. MURRAY [1].

von T. Ist $\mathfrak{D}_T$ in $\mathfrak{R}$ dicht, so sagen wir, T sei *dicht definiert*. Ist $\mathfrak{B} \subseteq \mathfrak{D}_T$, so soll die Menge der Elemente Tf mit f aus $\mathfrak{B}$ mit $T\mathfrak{B}$ bezeichnet werden. $T\mathfrak{D}_T$ selbst heißt der *Wertevorrat* von T und wird mit $\mathfrak{W}_T$ bezeichnet.

Ist $\mathfrak{D}_T$ eine Linearmannigfaltigkeit und ist $T(a_1 f_1 + a_2 f_2) = a_1 T f_1 + a_2 T f_2$ für f_1, $f_2 \in \mathfrak{D}_T$, so heißt T *linear*. Dann ist stets $T0 = 0$,

Eine lineare Transformation T heißt *beschränkt*, wenn $\mathfrak{D}_T = \mathfrak{R}$ und $\|Tf\| \leq \|T\| \|f\|$ für jedes f ($\|T\|$ bezeichnet die kleinstmögliche solche Konstante).

T heißt *abgeschlossen*, wenn aus $f_n \to f$ und $Tf_n \to g$ folgt, daß Tf sinnvoll (d. h. $f \in \mathfrak{D}_T$) und $= g$ ist. Insbesondere ist jede beschränkte lineare Transformation abgeschlossen (weil stetig).

T' ist die *Fortsetzung* von T, in Zeichen $T' \supseteq T$ oder $T \subseteq T'$, wenn $\mathfrak{D}_{T'} \supseteq \mathfrak{D}_T$ und $Tf = T'f$ für jedes $f \in \mathfrak{D}_T$. Ist $\mathfrak{D} \subseteq \mathfrak{D}_T$, so heißt die Transformation T', die auf $\mathfrak{D}$ überall gleich T, sonst sinnlos ist, die *Einschränkung von T auf $\mathfrak{D}$*. $T_1 = T_2$ bedeutet, daß $T_1 \supseteq T_2$ und $T_1 \subseteq T_2$, d. h. *Transformationen sind gleich, wenn sie denselben Definitionsbereich haben und in ihm gleiche Werte annehmen*. T_1 *und* T_2 *heißen metrisch gleich, wenn* $\mathfrak{D}_{T_1} = \mathfrak{D}_{T_2}$ *und* $\|T_1 f\| = \|T_2 f\|$ *für* $f \in \mathfrak{D}_{T_1}$.

$T_1 + T_2$, cT, $T_1 T_2$, $\lim T_n$, T^{-1} definiert man wie folgt: a) $\mathfrak{D}_{T_1 + T_2} = \mathfrak{D}_{T_1} \cdot \mathfrak{D}_{T_2}$ und $(T_1 + T_2)f = T_1 f + T_2 f$ für $f \in \mathfrak{D}_{T_1 + T_2}$. — b) $\mathfrak{D}_{cT} = \mathfrak{D}_T$ und $(cT)f = c(Tf)$ für $f \in \mathfrak{D}_{cT}$. — c) $(T_1 T_2)f = T_1(T_2 f)$, wenn $T_2 f$ und $T_1(T_2 f)$ sinnvoll sind, sonst ist $(T_1 T_2)f$ sinnlos. — d) $(\lim T_n)f = \lim (T_n f)$, wenn $T_n f$ für alle hinreichend großen n sinnvoll ist und konvergiert, sonst sinnlos. — e) Wenn $Tf = Tg$ nur für $f = g$, dann wird T^{-1} (die *Inverse* von T) so erklärt: $\mathfrak{D}_{T^{-1}} = \mathfrak{W}_T$ und $T^{-1}(Tf) = f$. Sind T, T_1, T_2 usw. linear, so sind diese Verknüpfungen auch linear. Für die Existenz von T^{-1} genügt es dann zu fordern, daß $Tf = 0$ nur für $f = 0$.

Wenn T dicht definiert ist, dann erklärt man T^* (die *Adjungierte* von T) so. $\mathfrak{D}_{T^*}$ ist die Menge derjenigen $f \in \mathfrak{R}$, zu denen es ein $f^* \in \mathfrak{R}$ derart gibt, daß

$$(1) \qquad (Tg, f) = (g, f^*)$$

für jedes $g \in \mathfrak{D}_T$ gilt; dieses f^* ist eindeutig bestimmt, und man setzt $T^* f = f^*$. T^* ist offenbar linear. Es folgt aus der Stetigkeit des inneren Produktes, daß T^* abgeschlossen ist. Wenn T linear und beschränkt ist, dann ist T^* überall definiert und beschränkt (vgl. I. 5).

Man kann die folgenden *Regeln* leicht rechtfertigen:

$$T_1 + T_2 = T_2 + T_1; \quad (T_1 + T_2) + T_3 = T_1 + (T_2 + T_3); \quad OT \subseteq O;$$
$$(T_1 T_2) T_3 = T_1(T_2 T_3); \qquad (T_1 + T_2) T_3 = T_1 T_3 + T_2 T_3;$$
$$T_1(T_2 + T_3) \supseteq T_1 T_2 + T_1 T_3$$

(hier wird T linear vorausgesetzt; das Zeichen $=$ gilt z. B., wenn T_1 überall definiert ist); $(\lim T_n) T = \lim (T_n T)$; $(T_1 T_2)^{-1} = T_2^{-1} T_1^{-1}$, *wenn T_1^{-1} und T_2^{-1} existieren.*

Ferner ist $O^* = O$, $(cI)^* = \bar{c}I$, $(T_1 + T_2)^* \supseteq T_1^* + T_2^*$, $(T_1 T_2)^* \supseteq T_2^* T_1^*$. *In den beiden letzten Gleichungen gilt das* =-*Zeichen z. B. dann, wenn* T_1 *beschränkt ist*[1]. *Aus* $T_1 \subseteq T_2$ *folgt* $T_1^* \supseteq T_2^*$.

Es sei $\mathfrak{R}^2 = \mathfrak{R} \times \mathfrak{R}$ (vgl. I. 2) der Raum aller geordneten Paare $\{f_1, f_2\}$ von Elementen aus $\mathfrak{R}$.

Die Menge $\mathfrak{B}_T$ aller Elemente von $\mathfrak{R}^2$ von der Form $\{f, Tf\}$, $f \in \mathfrak{D}_T$, heißt das *Bild* von T.[2] $\mathfrak{B}_T$ ist dann und nur dann eine Linearmannigfaltigkeit, wenn T linear ist. $\mathfrak{B}_T$ ist dann und nur dann eine abgeschlossene Menge, wenn T abgeschlossen ist. $\mathfrak{B}_T \subset \mathfrak{B}_{T'}$ bedeutet, daß T' eine echte Fortsetzung von T ist.

In $\mathfrak{R}^2$ definieren wir die folgenden unitären Transformationen:

$$\mathsf{U}\{f_1, f_2\} = \{f_2, f_1\}, \qquad \mathsf{V}\{f_1, f_2\} = \{f_2, -f_1\};$$

es gilt: $\mathsf{U}^2 = -\mathsf{V}^2 = \mathsf{I}$ (die identische Transformation), $\mathsf{UV} = -\mathsf{VU}$.

(1) kann nun in der folgenden Form geschrieben werden:

$$(\mathsf{V}\{g, Tg\}, \quad \{f, f^*\}) = 0.$$

Dies zeigt, daß $\mathfrak{B}_{T^*}$ aus allen denjenigen Elementen von $\mathfrak{R}^2$ besteht, die orthogonal zu jedem Element $\mathsf{V}\{g, Tg\}$ ($g \in \mathfrak{D}_T$), also orthogonal zu $\mathsf{V}\mathfrak{B}_T$ sind. Wenn man also den durch $\mathfrak{B}_T$ aufgespannten Unterraum von $\mathfrak{R}^2$ mit $[\mathfrak{B}_T]$ bezeichnet (dann ist $\mathsf{V}[\mathfrak{B}_T]$ der durch $\mathsf{V}\mathfrak{B}_T$ aufgespannte Unterraum), dann hat man

$$(2) \qquad \mathfrak{B}_{T^*} = \mathfrak{R}^2 \ominus \mathsf{V}[\mathfrak{B}_T].$$

Wenn T^{-1}, T^* *und* $(T^{-1})^*$ *existieren, dann ist* $(T^{-1})^* = (T^*)^{-1}$. Dies folgt, wegen $\mathfrak{B}_{T^{-1}} = \mathsf{U}\mathfrak{B}_T$, aus (2), weil

$$\mathfrak{B}_{(T^{-1})^*} = \mathfrak{R}^2 \ominus \mathsf{V}[\mathfrak{B}_{T^{-1}}] = \mathfrak{R}^2 \ominus \mathsf{VU}[\mathfrak{B}_T] = \mathsf{U}(\mathsf{U}\mathfrak{R}^2 \ominus \mathsf{V}[\mathfrak{B}_T])$$
$$= \mathsf{U}(\mathfrak{R}^2 \ominus \mathsf{V}[\mathfrak{B}_T]) = \mathsf{U}\mathfrak{B}_{T^*}.$$

Sei T *dicht definiert, linear und abgeschlossen. Dann ist* T^* *auch dicht definiert und* $T^{**} = (T^*)^*$ *ist gleich* T.

Wäre $\mathfrak{D}_{T^*}$ nicht dicht in $\mathfrak{R}$, so würde es ein zu $\mathfrak{D}_{T^*}$ orthogonales Element $h \neq 0$ geben. Dann wäre $\{0, h\}$ orthogonal zu jedem Element $\{T^*f, -f\}$ ($f \in \mathfrak{D}_{T^*}$), also hätte man

$$\{0, h\} \in \mathfrak{R}^2 \ominus \mathsf{V}\,\mathfrak{B}_{T^*} = \mathfrak{R}^2 \ominus (\mathsf{V}\mathfrak{R}^2 \ominus \mathsf{V}^2\mathfrak{B}_T) = \mathfrak{R}^2 \ominus (\mathfrak{R}^2 \ominus \mathfrak{B}_T) = \mathfrak{B}_T.$$

Darum müßte $h = T0$, also $h = 0$ sein. — Somit ist $\mathfrak{D}_{T^*}$ dicht in $\mathfrak{R}$, daher existiert auch T^{**}, und man hat

$$\mathfrak{B}_{T^{**}} = \mathfrak{R}^2 \ominus \mathsf{V}\mathfrak{B}_{T^*} = \mathfrak{R}^2 \ominus \mathsf{V}(\mathfrak{R}^2 \ominus \mathsf{V}\mathfrak{B}_T) = \mathsf{V}(\mathfrak{R}^2 \ominus (\mathfrak{R}^2 \ominus \mathsf{V}\mathfrak{B}_T)) = \mathsf{V}^2\mathfrak{B}_T = \mathfrak{B}_T,$$

also $T^{**} = T$. — Allgemeiner gilt folgendes:

---

[1] Denn sei $f \in \mathfrak{D}_{(T_1 + T_2)^*}$; für jedes $g \in \mathfrak{D}_{T_2}$ hat man $(T_2 g, f) = ((T_1 + T_2)g, f) - (T_1 g, f)$ $= (g, (T_1 + T_2)^* f - T_1^* f)$, also ist $f \in \mathfrak{D}_{T_2^*}$, folglich ist $\mathfrak{D}_{(T_1 + T_2)^*} \subseteq \mathfrak{D}_{T_1^* + T_2^*}$. — Ist $f \in \mathfrak{D}_{(T_1 T_2)^*}$, so hat man für jedes $g \in \mathfrak{D}_{T_2}$: $(T_2 g, T_1^* f) = (T_1 T_2 g, f) = (g, (T_1 T_2)^* f)$, also ist $T_1^* f \in \mathfrak{D}_{T_2^*}$; folglich ist $\mathfrak{D}_{(T_1 T_2)^*} \subseteq \mathfrak{D}_{T_2^* T_1^*}$.

[2] Auch „Graph" von T genannt. Die auf diesem Begriff ruhenden folgenden Überlegungen und Ergebnisse stammen von v. Neumann [5].

T^* ist dann und nur dann dicht definiert, d. h. T^{**} existiert dann und nur dann, wenn T eine abgeschlossene lineare Fortsetzung hat. T^{**} ist (falls vorhanden) die kleinste solche Fortsetzung von T, denn es gilt $\mathfrak{B}_{T^{**}} = [\mathfrak{B}_T]$.

Ist $\mathfrak{D}_{T^*}$ dicht in $\mathfrak{R}$, also existiert T^{**}, so hat man

$$\mathfrak{B}_{T^{**}} = \mathfrak{R}^2 \ominus \mathsf{V}\mathfrak{B}_{T^*} = \mathfrak{R}^2 \ominus \mathsf{V}(\mathfrak{R}^2 \ominus \mathsf{V}[\mathfrak{B}_T]) = \mathsf{V}(\mathfrak{R}^2 \ominus (\mathfrak{R}^2 \ominus \mathsf{V}[\mathfrak{B}_T]))$$
$$= \mathsf{V}^2[\mathfrak{B}_T] = [\mathfrak{B}_T],$$

also ist T^{**} eine abgeschlossene lineare Fortsetzung von T. Sie ist die engste, da, wenn T_1 eine beliebige andere abgeschlossene lineare Fortsetzung von T ist, dann ist $\mathfrak{B}_{T_1} \supseteq [\mathfrak{B}_T] = \mathfrak{B}_{T^{**}}$, also $T_1 \supseteq T^{**}$. — Umgekehrt, es sei vorausgesetzt, daß T überhaupt eine abgeschlossene lineare Fortsetzung T_1 besitzt. Dann ist nach dem oben bewiesenen $\mathfrak{D}_{T_1^*}$ in $\mathfrak{R}$ dicht. Da aber aus $T \subseteq T_1$ offenbar $\mathfrak{D}_{T^*} \supseteq \mathfrak{D}_{T_1^*}$ folgt, ist auch $\mathfrak{D}_{T^*}$ in $\mathfrak{R}$ dicht.

2. Über das Produkt T^*T.

Sei T dicht definiert, linear und abgeschlossen. Dann existiert $(I + T^*T)^{-1}$ und ist gleich einer beschränkten positiven selbstadjungierten Transformation B mit $\|B\| \leq 1$. $C = TB$ ist auch eine beschränkte Transformation, $\|C\| \leq 1$. — Ist T' die Einschränkung von T auf $\mathfrak{D}_{T^*T}$, so ist T die kleinste abgeschlossene lineare Fortsetzung von T' (folglich ist $\mathfrak{D}_{T^*T}$ dicht in $\mathfrak{D}_T$ und damit auch in $\mathfrak{R}$)[1].

Sei h beliebig aus $\mathfrak{R}$. Das Element $\{h, 0\}$ aus $\mathfrak{R}^2$ sei als Summe seiner Projektionen auf $\mathfrak{B}_T$ und $\mathfrak{R}^2 \ominus \mathfrak{B}_T$, d. h. auf $\mathfrak{B}_T$ und $\mathsf{V}\mathfrak{B}_{T^*}$ dargestellt:

$$(3) \qquad \{h, 0\} = \{f, Tf\} + \{T^*g, -g\}, \qquad f \in \mathfrak{D}_T, \quad g \in \mathfrak{D}_{T^*}.$$

Das Gleichungssystem

$$(4) \qquad h = f + T^*g, \quad 0 = Tf - g$$

hat also die einzige Lösung $f \in \mathfrak{D}_T$, $g \in \mathfrak{D}_{T^*}$. Die durch $Bh = f$, $Ch = g$ definierten Transformationen B und C sind offenbar linear; $\mathfrak{D}_B = \mathfrak{D}_C = \mathfrak{R}$. Aus (4) folgt:

$$(4') \qquad I = B + T^*C, \quad 0 = TB - C,$$

also

$$(5) \qquad C = TB \quad \text{und} \quad I = B + T^*TB = (I + T^*T)B.$$

Da die Glieder rechts in (3) orthogonal sind, hat man

$$\|h\|^2 = \|\{h, 0\}\|^2 = \|\{f, Tf\}\|^2 + \|\{T^*g, -g\}\|^2 = \|f\|^2 + \|Tf\|^2 + \|T^*g\|^2 + \|g\|^2,$$

folglich $\|Bh\|^2 + \|Ch\|^2 = \|f\|^2 + \|g\|^2 \leq \|h\|^2$, also ist $\|B\| \leq 1$ und $\|C\| \leq 1$.

---

[1] Demgegenüber gibt es abgeschlossene lineare, dicht definierte Transformationen T, für die $\mathfrak{D}_{T^2}$ außer 0 kein Element enthält; T kann sogar symmetrisch sein (d. h. $T \subseteq T^*$), vgl. NEUMARK [1].

Für beliebiges $f \in \mathfrak{D}_{T^*T}$ gilt

$$(6) \qquad ((I + T^*T)f, f) = (f, f) + (T^*Tf, f) = \|f\|^2 + \|Tf\|^2,$$

aus $(I + T^*T)f = 0$ folgt also $f = 0$. Hieraus folgt, daß $(I + T^*T)^{-1}$ existiert; wegen (5) ist es gleich B. Aus (6) folgt weiter $(h, Bh) = \|Bh\|^2 + \|TBh\|^2$; also $(Bh, h) \geqq 0$ für jedes $h \in \mathfrak{R}$ und $(Bh, h) = 0$ nur dann, wenn $Bh = 0$, also, wenn $h = (I + T^*T)Bh = 0$.

Man hat weiter

$$(Bh_1, h_2) = (Bh_1, (I + T^*T)Bh_2) = (Bh_1, Bh_2) + (Bh_1, T^*TBh_2)$$
$$= (Bh_1, Bh_2) + (T^*TBh_1, Bh_2) = ((I + T^*T)Bh_1, Bh_2) = (h_1, Bh_2),$$

d. h. B ist selbstadjungiert.

Ist T' die Einschränkung von T auf $\mathfrak{D}_{T^*T}$, so ist $\mathfrak{B}_{T'}$ dicht in $\mathfrak{B}_T$. Sonst gäbe es ja ein von $\{0, 0\}$ verschiedenes $\{g, Tg\} \in \mathfrak{B}_T$ derart, daß

$$0 = (\{g, Tg\}, \{f, Tf\}) = (g, f) + (Tg, Tf) = (g, f) + (g, T^*Tf) = (g, (I + T^*T)f)$$

für jedes f aus $\mathfrak{D}_{T^*T}$, folglich $0 = (g, (I + T^*T)Bh) = (g, h)$ für jedes h aus $\mathfrak{R}$; es sollte also g gleich 0 sein, also wäre doch $\{g, Tg\} = \{0, 0\}$.

$\mathfrak{B}_T$ ist also der durch $\mathfrak{B}_{T'}$ aufgespannte Unterraum von $\mathfrak{R}^2$, folglich ist T die kleinste abgeschlossene lineare Fortsetzung von T'.

Damit ist der Satz vollständig bewiesen.

Sind T_1 und T_2 dicht definierte lineare, abgeschlossene Transformationen und gilt $T_1^*T_1 = T_2^*T_2$, so sind T_1 und T_2 metrisch gleich.

Für $g \in \mathfrak{D}_{T_1^*T_1} = \mathfrak{D}_{T_2^*T_2}$ hat man $(T_1g, T_1g) = (g, T_1^*T_1g) = (g, T_2^*T_2g) = (T_2g, T_2g)$, also $\|T_1g\| = \|T_2g\|$.

Sei nun f beliebig aus $\mathfrak{D}_{T_1}$. Dann gibt es eine Folge g_n aus $\mathfrak{D}_{T_1^*T_1}$, so daß $g_n \to f$ und $T_1g_n \to T_1f$.[1] Wegen $\|T_2(g_n - g_m)\| = \|T_1(g_n - g_m)\| \to 0$ konvergiert dann auch T_2g_n. Wegen der Abgeschlossenheit von T_2 ist also $f \in \mathfrak{D}_{T_2}$ und $T_2f = \lim T_2g_n$, folglich

$$\|T_2f\| = \lim \|T_2g_n\| = \lim \|T_1g_n\| = \|T_1f\|.$$

Aus dem Beweis sieht man, daß $\mathfrak{D}_{T_1} \subseteq \mathfrak{D}_{T_2}$. Aus Symmetriegründen folgt hieraus $\mathfrak{D}_{T_1} = \mathfrak{D}_{T_2}$, womit alles bewiesen ist.

3. Vertauschbarkeit, kartesisches Produkt und Reduktion von Transformationen.

Eine beschränkte lineare Transformation B heißt mit der (allgemeinen) linearen Transformation T *vertauschbar*, in Zeichen $B \mathfrak{v} T$, wenn $BT \subseteq TB$.[2] Ist auch T beschränkt, so geht diese Definition in die in I. 5 gegebenen über; dann folgt aus $B \mathfrak{v} T$ auch $T \mathfrak{v} B$.

---

[1] Dies folgt daraus, daß, wenn T_1' die Einschränkung von T_1 auf $\mathfrak{D}_{T_1^*T_1}$ ist, dann $[\mathfrak{B}_{T_1'}] = \mathfrak{B}_{T_1}$.

[2] $T \mathfrak{v} \mathfrak{v} \{T_\alpha\}$ soll, wie bisher, bedeuten, daß jede mit allen T_α vertauschbare beschränkte selbstadjungierte Transformation auch mit T vertauschbar ist.

a) *Aus $B \mathfrak{v} T_1$ und $B \mathfrak{v} T_2$ folgt $B \mathfrak{v} (T_1 + T_2)$ und $B \mathfrak{v} T_1 T_2$.* b) *Aus $B_1 \mathfrak{v} T$ und $B_2 \mathfrak{v} T$ folgt $(B_1 + B_2) \mathfrak{v} T$ und $B_1 B_2 \mathfrak{v} T$.* c) *Existiert T^{-1}, so folgt aus $B \mathfrak{v} T$, daß $B \mathfrak{v} T^{-1}$.* d) *Aus $B \mathfrak{v} A_n$ folgt $B \mathfrak{v} \lim A_n$.* e) *Aus $B_n \mathfrak{v} T$ folgt, wenn $\lim B_n$ beschränkt und T abgeschlossen sind, daß $\lim B_n \mathfrak{v} T$.* f) *Wenn T^* existiert, dann folgt aus $B \mathfrak{v} T$, daß $B^* \mathfrak{v} T^*$.*

a) und b) sind klar. c): Ist $f \in \mathfrak{D}_{T^{-1}}$, so ist $f = T T^{-1} f$, daher $B f = B T T^{-1} f = T B T^{-1} f$; folglich existiert $T^{-1} B f$ und ist gleich $B T^{-1} f$. d): Wenn $f \in \mathfrak{D}_{\lim T_n}$, dann ist $T_n f$ für hinreichend große n sinnvoll und konvergent; wegen der Stetigkeit von B hat man $B \cdot \lim T_n f = \lim B T_n f = \lim T_n B f = (\lim T_n) B f$. e): Wenn $f \in \mathfrak{D}_T$, dann konvergieren $B_n f$ und $T B_n f$ (weil $T B_n f = B_n T f$); wegen der Abgeschlossenheit von T ist $\lim B_n f \in \mathfrak{D}_T$, und man hat $T \lim B_n f = \lim T B_n f = \lim B_n T f$. f): Wenn $f \in \mathfrak{D}_{T^*}$, dann gilt $(T g, B^* f) = (B T g, f) = (T B g, f) = (B g, T^* f) = (g, B^* T^* f)$ für beliebiges $g \in \mathfrak{D}_T$, also ist $B^* f \in \mathfrak{D}_{T^*}$ und $T^* B^* f$ ist gleich $B^* T^* f$

Sei $\{\mathfrak{R}_\omega\}$ ($\omega \in \Omega$) irgendeine Menge von euklidischen Räumen und in jedem $\mathfrak{R}_\omega$ sei je eine lineare Transformation T_ω definiert. In $\mathfrak{R} = \underset{\omega \in \Omega}{\varPi \times} \mathfrak{R}_\omega$ definieren wir eine Transformation T folgendermaßen: $\mathfrak{D}_T$ besteht aus allen $f = \{f_\omega\} \in \mathfrak{R}$, für die $f_\omega \in \mathfrak{D}_{T_\omega}$ und $\{T_\omega f_\omega\} \in \mathfrak{R}$ $\left(\text{d. h. } \sum_{\omega \in \Omega} \| T_\omega f_\omega \|^2 < \infty \right)$; für ein solches f sei $T f = \{T_\omega f_\omega\}$. T ist linear und heißt das *kartesische Produkt* der T_ω, wir schreiben $T = \underset{\omega \in \Omega}{\varPi \times} T_\omega$. Die Einschränkung von T auf $\mathfrak{R}_\omega$ (als Unterraum von $\mathfrak{R}$ betrachtet) ist offenbar gleich T_ω und die Projektion P_ω von $\mathfrak{R}$ auf $\mathfrak{R}_\omega$ ist offenbar mit T vertauschbar. — Sind die T_ω alle abgeschlossen, so ist es auch T.

Wenn alle T_ω^* existieren, so existiert auch $\left(\underset{\omega \in \Omega}{\varPi \times} T_\omega \right)^*$ und ist gleich $\underset{\omega \in \Omega}{\varPi \times} T_\omega^*$. Da jedes $\mathfrak{D}_{T_\omega}$ in $\mathfrak{R}_\omega$ dicht ist, ist auch $\mathfrak{D}_T$ $\left(\text{wo } T = \underset{\omega \in \Omega}{\varPi \times} T_\omega \right)$ in $\mathfrak{R}$ dicht; folglich existiert T^*. Man setze $T' = \underset{\omega \in \Omega}{\varPi \times} T_\omega^*$. Wenn $h \in \mathfrak{D}_{T'}$, dann gilt für jedes $f \in \mathfrak{D}_T$: $(T f, h) = \sum_{\omega \in \Omega} (T_\omega f_\omega, h_\omega) = \sum_{\omega \in \Omega} (f_\omega, T_\omega^* h_\omega) = (f, T' h)$, also ist $T' \subseteq T^*$. Sei nun $g \in \mathfrak{D}_{T^*}$; für jedes $f \in \mathfrak{D}_T$ hat man $(T f, g) = (f, T^* g)$, d. h. $\sum_{\omega \in \Omega} (T_\omega f_\omega, g_\omega) = \sum_{\omega \in \Omega} (f_\omega, (T^* g)_\omega)$. Wendet man dies insbesondere auf jene f an, für die nur die $\mathfrak{R}_\omega$-Komponente f_ω von 0 verschieden ist, so erhält man $(T_\omega f_\omega, g_\omega) = (f_\omega, (T^* g)_\omega)$, gültig für jedes $f_\omega \in \mathfrak{D}_{T_\omega}$. Hieraus folgt, daß $g_\omega \in \mathfrak{D}_{T_\omega^*}$ und $T_\omega^* g_\omega = (T^* g)_\omega$. Folglich ist

$$\sum_{\omega \in \Omega} \| T_\omega^* g_\omega \|^2 = \sum_{\omega \in \Omega} \| (T^* g)_\omega \|^2 = \| T^* g \|^2 < \infty,$$

also $g \in \mathfrak{D}_{T'}$. Also ist $\mathfrak{D}_{T'} \supseteq \mathfrak{D}_{T^*}$, was, zusammen mit dem früheren Ergebnis $T' \subseteq T^*$, eben $T' = T^*$ ergibt, w. z. b. w.

Sei T eine lineare Transformation in einem Raum $\mathfrak{R}$ und $\mathfrak{M}$ sei ein Unterraum von $\mathfrak{R}$. Man sagt, $\mathfrak{M}$ *reduziere* T, wenn T kartesisches Produkt einer Transformation von $\mathfrak{M}$ und einer Transformation von

$\mathfrak{N} = \mathfrak{R} \ominus \mathfrak{M}$ ist. *Notwendig und hinreichend hierfür ist, daß $P \mathfrak{v} T$, wo P die Projektion auf $\mathfrak{M}$ bedeutet.* Die Notwendigkeit ist klar. Aus $P \mathfrak{v} T$ folgt $PTP \subseteq TPP = TP$, also (da beide Seiten denselben Definitionsbereich haben) $PTP = TP$, und ebenso $(I - P) T (I - P) = T (I - P)$. Weiter folgt $T = PT + (I - P) T \subseteq TP + T (I - P) \subseteq T (P + (I - P)) = T$, also $T = TP + T (I - P)$. Die ersten Geichungen besagen, daß T_1, die Einschränkung von T auf $\mathfrak{M}$, Werte aus $\mathfrak{M}$, während T_2, die Einschränkung von T auf $\mathfrak{N}$, Werte aus $\mathfrak{N}$ annimmt (also kann man T_1, T_2 als lineare Transformationen der Räume $\mathfrak{M}$ bzw. $\mathfrak{N}$ betrachten). Die letzte Gleichung besagt, daß $f \in \mathfrak{D}_T$ dann und nur dann, wenn $f_1 = Pf \in \mathfrak{D}_{T_1}$ und $f_2 = (I - P)f \in \mathfrak{D}_{T_2}$, und dann hat Tf die Komponenten $T_1 f_1$ und $T_2 f_2$. Dies bedeutet eben, daß $T = T_1 \times T_2$. T_1 heißt der in $\mathfrak{M}$ liegende Teil von T; $\mathfrak{M}$ „reduziert T auf T_1".

Ist T beschränkt, und transformieren T und T^* beide $\mathfrak{M}$ in sich, so wird T von $\mathfrak{M}$ reduziert. Denn ist P die Projektion auf $\mathfrak{M}$, so hat man $TP = PTP = (PT^*P)^* = (T^*P)^* = PT$, also $P \mathfrak{v} T$.

4. Selbstadjungierte und normale Transformationen.

Eine Transformation A heißt normal, wenn sie dicht definiert, linear und abgeschlossen ist und wenn außerdem $A^*A = AA^*$ gilt.

Äquivalent damit ist die folgende Definition:

Eine Transformation A heißt normal, wenn sie dicht definiert und linear ist und wenn A und A^* metrisch gleich sind[1] (im Sinne von V. 1).

In der Tat: Ist A normal im ersten Sinne, dann hat man $A^*A = (A^*)^*A^*$, also sind (nach V. 2) die Transformationen A und A^* metrisch gleich, also ist A normal auch im zweiten Sinne.

Ist A normal im zweiten Sinne, so ist sie abgeschlossen. Denn aus $f_n \to f$, $Af_n \to f'$ folgt $\|A^* (f_n - f_m)\| = \|A (f_n - f_m)\| \to 0$, also $A^* f_n \to f''$. Da A^* abgeschlossen ist, gehört f zu $\mathfrak{D}_{A^*}$, also auch zu $\mathfrak{D}_A$, und es ist $f'' = A^* f$. Wegen $\|A (f_n - f)\| = \|A^* (f_n - f)\| \to 0$ strebt Af_n gegen Af. — Um $A^*A = AA^*$ zu beweisen, bemerke man zuerst, daß, wegen

$$4 (Ag, Af) = \|A (g + f)\|^2 - \|A (g - f)\|^2 + i \|A (g + if)\|^2 - i \|A (g - if)\|^2$$
$$= \|A^* (g+f)\|^2 - \|A^* (g-f)\|^2 + i \|A^* (g+if)\|^2 - i \|A^* (g-if)\|^2 = 4 (A^* g, A^* f),$$

$(Ag, Af) = (A^* g, A^* f)$ für jedes f und g aus $\mathfrak{D}_A$. Ist $f \in \mathfrak{D}_{AA^*}$, so folgt hieraus $(Ag, Af) = (g, AA^* f)$ für jedes $g \in \mathfrak{D}_A$. Also ist $Af \in \mathfrak{D}_{A^*}$ und $A^*Af = AA^*f$, d. h. es gilt: $AA^* \subseteq A^*A$. Ähnlich beweist man, daß $A^*A \subseteq AA^*$, also ist $AA^* = A^*A$. Folglich ist A normal auch im ersten Sinne.

Eine normale Transformation ist maximal in dem Sinne, daß sie keine echte normale Fortsetzung besitzt. Denn sind A und B normal, $A \subseteq B$, so ist $A^* \supseteq B^*$, folglich $\mathfrak{D}_{A^*} \supseteq \mathfrak{D}_{B^*}$. Da aber $\mathfrak{D}_A = \mathfrak{D}_{A^*}$ und $\mathfrak{D}_B = \mathfrak{D}_{B^*}$, folgt hieraus: $\mathfrak{D}_A \supseteq \mathfrak{D}_B$. Folglich ist $\mathfrak{D}_A = \mathfrak{D}_B$, $A = B$.

---

[1] Beide Definitionen nach v. NEUMANN [5]. Weitere äquivalente Definitionen bei v. NEUMANN [2], [8], sowie bei STONE [*] (S. 312). NAKANO [1], [4] nennt jede solche dicht definierte lineare Transformation A normal, die mit der *Einschränkung* von A^* auf $\mathfrak{D}_A$ metrisch gleich ist. Ist $\mathfrak{D}_A = \mathfrak{D}_{A^*}$, d. h. ist A im Sinne des Textes normal, so nennt es NAKANO „hypermaximal normal."

Eine dicht definierte Transformation A heißt selbstadjungiert, wenn $A = A^*$.[1] Sie ist notwendig linear und abgeschlossen (da A^* es immer ist). Ferner ist sie auch normal.

Ist A selbstadjungiert, so ist $A + cI$ (c eine reelle Zahl) es auch. Ist A normal, so ist $A + cI$ (c eine reelle oder komplexe Zahl) es auch. — Man hat ja immer $(A + cI)^* = A^* + \bar{c}I$. Für selbstadjungierte A folgt hieraus die Behauptung unmittelbar. Ist A normal, so hat man für jedes $f \in \mathfrak{D}_A$: $\|(A + cI)^* f\|^2 = \|(A^* + \bar{c}I) f\|^2 = \|A^* f\|^2 + c(A^* f, f) + \bar{c}(f, A^* f) + c\bar{c}\|f\|^2 = \|A f\|^2 + c(f, A f) + \bar{c}(A f, f) + c\bar{c}\|f\|^2 = \|(A + cI) f\|^2$.

Mit A ist auch A^* normal. Dies folgt sofort aus der ersten Definition.

Wenn die normale Transformation A vom Unterraum $\mathfrak{M}$ reduziert wird, dann ist $A_{\mathfrak{M}}$, der in $\mathfrak{M}$ liegende Teil von A, ebenfalls normal. Dann ist ja $A_{\mathfrak{M}}^*$ eben der in $\mathfrak{M}$ liegende Teil von A^*, also haben $A_{\mathfrak{M}}$ und $A_{\mathfrak{M}}^*$ den gleichen Definitionsbereich: $\mathfrak{M} \cdot \mathfrak{D}_A$, und in ihm gilt $\|A_{\mathfrak{M}} f\| = \|A f\| = \|A^* f\| = \|A_{\mathfrak{M}}^* f\|$.

Wenn $\mathfrak{R} = \underset{\omega \in \Omega}{\Pi} \times \mathfrak{R}_\omega$ und wenn in jedem Raum $\mathfrak{R}_\omega$ je eine normale Transformation A_ω erklärt ist, dann ist $A = \underset{\omega \in \Omega}{\Pi} \times A_\omega$ ebenfalls normal. Sie ist die einzige normale Transformation, die von jedem $\mathfrak{R}_\omega$ auf A_ω reduziert wird.

Da die Reihen $\underset{\omega \in \Omega}{\sum} \|A_\omega h_\omega\|^2$ und $\underset{\omega \in \Omega}{\sum} \|A_\omega^* h_\omega\|^2$ gliedweise gleich sind, haben A und $A^* \left(= \underset{\omega \in \Omega}{\Pi} \times A_\omega^* \right)$ den gleichen Definitionsbereich, und für jedes $h \in \mathfrak{D}_A$ hat man $\|A h\|^2 = \underset{\omega \in \Omega}{\sum} \|A_\omega h_\omega\|^2 = \underset{\omega \in \Omega}{\sum} \|A_\omega^* h_\omega\|^2 = \|A^* h\|^2$, also ist A wirklich normal. — Ist T eine beliebige normale Transformation, die von jedem $\mathfrak{R}_\omega$ (als Unterraum von $\mathfrak{R}$ betrachtet) auf A_ω reduziert wird, so folgt aus der Abgeschlossenheit von T, daß $T \supseteq A$, was aber, wegen der Maximalität von A, nur dann möglich ist, wenn $T = A$.

VI. Symmetrische Transformationen.

1. Definition und einige einfache Eigenschaften.

Die Transformation H heißt *symmetrisch*[2], wenn sie dicht definiert und linear ist und wenn $(Hf, g) = (f, Hg)$ für jede f und g aus $\mathfrak{D}_H$ gilt. (Letzte Bedingung besagt, daß $H \subseteq H^*$.)

Ist H symmetrisch, so ist es auch H^{**}. Aus $H \subseteq H^*$ folgt nämlich $H^* \supseteq H^{**}$, also $H^{**} \subseteq H^* = (H^*)^{**} = (H^{**})^*$.

---

[1] v. NEUMANN nennt sie „hypermaximal Hermitesch". Der Begriff stammt von E. SCHMIDT her, vgl. v. NEUMANN [1] (S. 72).

[2] v. NEUMANN nennt sie „Hermitesch".

Eine symmetrische Transformation heißt *maximal*, wenn sie keine echte symmetrische Fortsetzung besitzt; für eine solche ist notwendig $H = H^{**}$, insbesondere ist also dann H immer abgeschlossen. Eine selbstadjungierte Transformation A ist a fortiori symmetrisch, und zwar maximal, da aus $A \subseteq H$ und $H \subseteq H^*$ folgt: $A^* \supseteq H^* \supseteq H$, also $A \supseteq H$, folglich $A = H$.

Es gelten die folgenden Sätze:

a) *Ist H symmetrisch und $\mathfrak{D}_H = \mathfrak{R}$, so ist H selbstadjungiert.* b) *Ist H symmetrisch und $\mathfrak{W}_H = \mathfrak{R}$, so ist H selbstadjungiert.* c) *Ist H symmetrisch und ist $\mathfrak{W}_H$ dicht in $\mathfrak{R}$, so existiert H^{-1} und ist symmetrisch. H ist dann und nur dann selbstadjungiert, wenn H^{-1} es ist.*

a): Aus $H \subseteq H^*$ und $\mathfrak{D}_H = \mathfrak{R}$ folgt, daß H^* notwendig mit H übereinstimmt. b) folgt aus a) und c).

c): Wenn $Hf = 0$, dann ist $(f, Hh) = (Hf, h) = 0$ für jedes $h \in \mathfrak{D}_H$; folglich ist f orthogonal zu $\mathfrak{W}_H$, also gleich 0. Es existiert also H^{-1}. Nach V. 1 existiert dann aber auch $(H^*)^{-1}$ und ist gleich $(H^{-1})^*$. Aus $H \subseteq H^*$ folgt offenbar $H^{-1} \subseteq (H^*)^{-1}$. Also $H^{-1} \subseteq (H^{-1})^*$; H^{-1} ist symmetrisch. H ist dann und nur dann gleich H^*, wenn H^{-1} gleich $(H^*)^{-1}$, d. h. gleich $(H^{-1})^*$ ist.

2. Halbbeschränkte symmetrische Transformationen.

Eine symmetrische Transformation H heißt von unten bzw. von oben *halbbeschränkt*, wenn es eine Zahl c derart gibt, daß $(Hf, f) \geqq c(f, f)$ bzw. $(Hf, f) \leqq c(f, f)$ für jedes $f \in \mathfrak{D}_H$ gilt. (Wenn insbesondere $(Hf, f) \geqq 0$, dann heißt H *positiv*.)

Eine symmetrische halbbeschränkte Transformation H kann immer zu einer selbstadjungierten halbbeschränkten Transformation mit derselben unteren bzw. oberen Grenze c fortgesetzt werden[1].

Ohne Beschränkung der Allgemeinheit darf man annehmen, daß $(Hf, f) \geqq (f, f)$. In $\mathfrak{D}_H$ führen wir das neue innere Produkt $(f, g)_H = (Hf, g)$ und damit die neue Norm $\|f\|_H = \sqrt{(Hf, f)}$ ein; es gilt also $\|f\|_H \geqq \|f\|$. Die Bedingungen **A—B** (von I. 1) sind für $\mathfrak{D}_H$ und das neue innere Produkt erfüllt, **C** gilt aber im allgemeinen erst dann, wenn wir $\mathfrak{D}_H$ mit gewissen idealen Elementen ergänzen. Diese lassen sich aber mit gewissen Elementen von $\mathfrak{R}$ identifizieren. Ein ideales Element ist ja durch eine Klasse im Sinne der neuen Metrik äquivalenten Fundamentalfolgen $f_n \in \mathfrak{D}_H$ definiert; diese Folgen sind aber (wegen $\|\ldots\|_H \geqq \|\ldots\|$) äquivalente Fundamentalfolgen auch im Sinne der alten Metrik, also kon-

---

[1] STONE [*] (S. 387); ferner FRIEDRICHS [1], wo auch Anwendungen auf Eigenwertprobleme linearer partieller Differentialgleichungen gegeben sind. In etwas weniger scharfer Form findet man den Satz bei WINTNER [*] (§ 111) und v. NEUMANN [1] (S. 100—103). Wir führen den durch FREUDENTHAL [1] vereinfachten Beweis von FRIEDRICHS an.

vergieren sie gegen ein wohlbestimmtes Element f von $\Re$. Der durch Hinzufügung dieser Elemente vervollständigte Raum soll mit $\Re_H$ bezeichnet werden; er ist als eine Linearmannigfaltigkeit in $\Re$ eingebettet.

Die Formel $(f, g)_H = (Hf, g)$ gilt definitionsgemäß für $f, g \in \mathfrak{D}_H$, aus Stetigkeitsgründen gilt sie auch für $f \in \mathfrak{D}_H$ und $g \in \Re_H$.

Sei $\mathfrak{D} = \mathfrak{D}_{H^*} \cdot \Re_H$; man hat offenbar $\mathfrak{D}_H \subseteq \mathfrak{D} \subseteq \mathfrak{D}_{H^*}$. Die Einschränkung von H^* auf $\mathfrak{D}$ sei mit A bezeichnet.

A ist symmetrisch. Es seien $f, g \in \mathfrak{D}$; dann gibt es Folgen f_n, $g_n \in \mathfrak{D}_H$, die in der neuen (also auch in der alten) Metrik gegen f bzw. g konvergieren. Es konvergiert dann auch $(f_m, g_n)_H = (Hf_m, g_n) = (f_m, Hg_n)$ für $n, m \to \infty$. Für den Limes hat man einerseits

$$\lim_{m \to \infty} \lim_{n \to \infty} (Hf_m, g_n) = \lim_{m \to \infty} (Hf_m, g) = \lim_{m \to \infty} (f_m, Ag) = (f, Ag),$$

andererseits

$$\lim_{n \to \infty} \lim_{m \to \infty} (f_m, Hg_n) = \lim_{n \to \infty} (f, Hg_n) = \lim_{n \to \infty} (Af, g_n) = (Af, g),$$

also $(f, Ag) = (Af, g)$, w. z. b. w. Weiter gilt

$$(Af, f) = \lim_{n \to \infty} (H^*f, f_n) = \lim_{n \to \infty} (f, Hf_n) = \lim_{n \to \infty} (f, f_n)_H = \|f\|_H^2,$$

also ist $(Af, f) \geqq (f, f)$, d. h. *A ist halbbeschränkt mit derselben unteren Grenze* 1.

A ist sogar selbstadjungiert. Es sei g ein beliebiges Element aus $\Re$. Für $f \in \mathfrak{D}_H$ hat man $|(f, g)| \leqq \|g\| \cdot \|f\| \leqq \|g\| \cdot \|f\|_H$. Also ist $L_g(f) = (f, g)$ eine im Raume $\Re_H$ definierte, in bezug auf die dort gültige Metrik beschränkte lineare Operation. Nach I. 4 gibt es also ein $g^* \in \Re_H$ derart, daß $(f, g) = (f, g^*)_H = (Hf, g^*)$. Diese Gleichung zeigt, in umgekehrter Richtung gelesen, daß $g^* \in \mathfrak{D}_{H^*}$, also auch $g^* \in \mathfrak{D}$ und $Ag^* = H^*g^* = g$. Da g beliebig aus $\Re$ gewählt wurde, ist damit gezeigt, daß $\mathfrak{W}_A = \Re$. Nach VI. 1 b ist also A selbstadjungiert. Damit ist alles bewiesen.

Es gilt auch der folgende Satz, den wir nur aussprechen[1]:

Eine symmetrische Transformation H, zu der man eine positive Zahl C derart finden kann, daß $\|Hf\| \geqq C\|f\|$ für jedes $f \in \mathfrak{D}_H$ gilt, kann zu einer selbstadjungierten Transformation A fortgesetzt werden, für die A^{-1} existiert, überall definiert und beschränkt ist.

3. Cayleysche Transformierte, Fortsetzung einer symmetrischen Transformation.

Eine lineare Transformation V heißt *isometrisch*, wenn $\|Vf\| = \|f\|$ für jedes $f \in \mathfrak{D}_V$. Aus der Identität I. 1 (2) folgt dann $(Vf, Vg) = (f, g)$ für jedes Paar f, g aus $\mathfrak{D}_V$. Ist $\mathfrak{D}_V = \Re$, so ist also $V^*V = I$; ist auch $\mathfrak{W}_V = \Re$, so hat man $VV^* = VV^*VV^{-1} = VIV^{-1} = I$. Eine iso-

---

[1] Calkin [1].

metrische Transformation ist also dann (und nur dann) unitär, wenn $\mathfrak{D}_V = \mathfrak{W}_V = \mathfrak{R}$.

Sei H eine symmetrische Transformation. Für jedes $f \in \mathfrak{D}_H$ hat man

(1) $\qquad \|Hf \pm if\|^2 = (Hf, Hf) \pm i(f, Hf) \mp i(Hf, f) + (f, f) = \|Hf\|^2 + \|f\|^2.$

Aus $(H + iI)f = 0$ folgt also $f = 0$, demnach existiert $(H + iI)^{-1}$. Man nennt

(2) $\qquad\qquad V_H = (H - iI)(H + iI)^{-1}$

die CAYLEY*sche Transformierte*[1] von H. $\mathfrak{D}_V$ besteht aus den Elementen $g = (H + iI)f$ mit $f \in \mathfrak{D}_H$, und $V_H g$ ist gleich $(H - iI)f$. Aus (1) folgt $\|V_H g\| = \|g\|$, d. h. V_H ist isometrisch. Ebenfalls aus (1) folgt, daß V_H dann und nur dann abgeschlossen ist, wenn H es ist.

Aus $g = Hf + if$ und $V_H g = Hf - if$ folgt $\frac{1}{2}(g - V_H g) = if$ und $\frac{1}{2}(g + V_H g) = Hf$. Ist $g - V_H g = 0$, so ist auch $g + V_H g = 0$, folglich $g = 0$; also existiert $(I - V_H)^{-1}$. Man hat

(3) $\qquad\qquad Hf = \frac{1}{2}(I + V_H)g = i(I + V_H)(I - V_H)^{-1}f.$

H wird somit durch V_H eindeutig bestimmt. Da insbesondere $\mathfrak{D}_H = \mathfrak{W}_{I-V_H}$, ist $\mathfrak{W}_{I-V_H}$ in $\mathfrak{R}$ dicht.

Umgekehrt ist jede isometrische Transformation V, für die $\mathfrak{W}_{I-V}$ in $\mathfrak{R}$ dicht ist, die CAYLEYsche Transformierte einer bestimmten symmetrischen Transformation. Zuerst behaupten wir, daß $(I - V)^{-1}$ existiert. Dazu muß gezeigt werden, daß aus $(I - V)\varphi = 0$ folgt $\varphi = 0$. Sei h beliebig aus $\mathfrak{W}_{I-V}$, etwa $h = (I - V)\psi$; dann ist

$$(\varphi, h) = (\varphi, \psi) - (\varphi, V\psi) = (V\varphi, V\psi) - (\varphi, V\psi) = (V\varphi - \varphi, V\psi) = 0;$$

also ist φ orthogonal zu $\mathfrak{W}_{I-V}$, und so muß es gleich 0 sein. — Man setze $H = i(I + V)(I - V)^{-1}$. Seien f und g aus $\mathfrak{D}_H$, d. h. aus $\mathfrak{W}_{I-V}$, es sei etwa $f = (I - V)\varphi$ und $g = (I - V)\psi$. Man hat, wegen $(V\varphi, V\psi) = (\varphi, \psi)$,

$$\begin{aligned} (Hf, g) &= (i(I + V)\varphi, (I - V)\psi) = i[(V\varphi, \psi) - (\varphi, V\psi)] \\ &= ((I - V)\varphi, i(I + V)\psi) = (f, Hg), \end{aligned}$$

d. h. H ist symmetrisch. — Ferner folgt aus $f = (I - V)\varphi$, daß $Hf = i(I + V)\varphi$, und somit, daß $Hf + if = 2i\varphi$, $Hf - if = 2iV\varphi$. Hieraus folgt, daß $\mathfrak{D}_{V_H}$ aus den Elementen $2i\varphi$ (mit $\varphi \in \mathfrak{D}_V$) besteht, folglich ist $\mathfrak{D}_{V_H} = \mathfrak{D}_V$. Man sieht auch, daß $V_H(2i\varphi) = 2iV\varphi = V(2i\varphi)$, also ist $V_H = V$, womit die Behauptung bewiesen ist.

Insbesondere ist jede (echte) isometrische Fortsetzung V' einer CAYLEYschen Transformierten V_H selbst eine CAYLEYsche Transformierte, $V' = V_{H'}$, da dann $\mathfrak{W}_{I-V'} \supset \mathfrak{W}_{I-V}$; H' ist eine (echte) Fortsetzung von H. Damit ist die Aufgabe, alle symmetrischen Fortsetzungen einer

---

[1] Vgl. v. NEUMANN [1], wo die Ergebnisse von VI. 3—4 enthalten sind. Siehe noch TEICHMÜLLER [1] (§ 10).

gegebenen symmetrischen Transformation zu finden, auf die Bestimmung aller isometrischen Fortsetzungen ihrer CAYLEYschen Transformierten zurückgeführt. — Da jede symmetrische Transformation die triviale Abschließung H^{**} besitzt, werden wir im folgenden nur abgeschlossene symmetrische Transformationen behandeln.

Ist H abgeschlossen, so ist es auch V_H; folglich sind $\mathfrak{D}_{V_H}$ und $\mathfrak{W}_{V_H}$ Unterräume. $\mathfrak{H}_H^+ = \mathfrak{R} \ominus \mathfrak{D}_{V_H}$ und $\mathfrak{H}_H^- = \mathfrak{R} \ominus \mathfrak{W}_{V_H}$ heißen die *Defekträume* von H; ihre Dimensionen, $\mathfrak{m}$ und $\mathfrak{n}$ (diese sind endliche oder transfinite Kardinalzahlen), heißen die *Defektindizes* von H.

$\mathfrak{H}_H^+$ besteht aus allen Lösungen φ der Gleichung $H^*\varphi = i\varphi$. Denn $\varphi \in \mathfrak{H}_H^+$ bedeutet, daß $(Hf + if, \varphi) = 0$, d. h. $(Hf, \varphi) = (f, i\varphi)$ für jedes $f \in \mathfrak{D}_H$. Dies bedeutet aber, daß $\varphi \in \mathfrak{D}_{H^*}$ und $H^*\varphi = i\varphi$. Ebenso zeigt man, daß $\mathfrak{H}_H^-$ aus allen Lösungen von $H^*\varphi = -i\varphi$ besteht.

$\mathfrak{H}_H^+$ und $\mathfrak{H}_H^-$ haben mit $\mathfrak{D}_H$ nur das Element 0 gemeinsam. Wäre z. B. $\varphi \in \mathfrak{H}_H^+$, $\varphi \in \mathfrak{D}_H$, $\varphi \neq 0$, so hätte man: $H\varphi = i\varphi$, also $(H\varphi, \varphi) = i\|\varphi\|^2$, was darum unmöglich ist, weil $(H\varphi, \varphi)$ wegen der Symmetrie von H reell sein muß.

Die Linearmannigfaltigkeiten $\mathfrak{D}_H$, $\mathfrak{H}_H^+$ und $\mathfrak{H}_H^-$ spannen zusammen $\mathfrak{D}_{H^*}$ auf. Sei $f \in \mathfrak{D}_{H^*}$. Man projiziere $(H^* + iI)f$ auf die komplementären Unterräume $\mathfrak{D}_{V_H}$ und $\mathfrak{H}_H^+$. Die Projektion auf $\mathfrak{D}_{V_H}$ hat gewiß die Form $(H + iI)f_0 = (H^* + iI)f_0$ mit einem $f_0 \in \mathfrak{D}_H$. Ist f' die Projektion auf $\mathfrak{H}_H^+$, so ist $if' = H^*f'$, also $2if' = (H^* + iI)f'$, d. h. ist $f' = (H^* + iI)f_1$ mit $f_1 = \frac{1}{2i} f' \in \mathfrak{H}_H^+$. Da $(H^* + iI)f$ die Summe ihrer beiden Projektionen ist, hat man: $(H^* + iI)f = (H^* + iI)f_0 + (H^* + iI)f_1$, also $H^*(f - f_0 - f_1) = -i(f - f_0 - f_1)$. Hieraus sieht man, daß $f - f_0 - f_1 = f_2 \in \mathfrak{H}_H^-$, womit die gewünschte Zerlegung

$$f = f_0 + f_1 + f_2 \quad (f_0 \in \mathfrak{D}_H, \ f_1 \in \mathfrak{H}_H^+, \ f_2 \in \mathfrak{H}_H^-)$$

gewonnen ist. Man kann übrigens leicht zeigen, daß dies die einzige derartige Zerlegung von f ist.

Aus den bisherigen Ergebnissen folgt, daß $\mathfrak{D}_{H^*}$ dann und nur dann gleich $\mathfrak{D}_H$ ist, also *H dann und nur dann selbstadjungiert ist, wenn die beiden Defekträume von H auf 0 zusammenschrumpfen, wenn also $\mathfrak{m}$ und $\mathfrak{n}$ beide 0 sind.*

Wenn nur der eine der Defektindizes gleich 0 ist, dann ist H zwar nicht selbstadjungiert, aber doch maximal. In diesem Falle kann ja V_H keine isometrische Fortsetzung besitzen.

Wenn beide Defektindizes größer als 0 sind, dann ist H nicht maximal. Sind $\mathfrak{m}'$, $\mathfrak{n}'$, $\mathfrak{p}$ solche Kardinalzahlen, daß

$$\mathfrak{m} = \mathfrak{m}' + \mathfrak{p}, \qquad \mathfrak{n} = \mathfrak{n}' + \mathfrak{p}, \qquad (\mathfrak{p} > 0)$$

so gibt es eine abgeschlossene symmetrische Fortsetzung H' von H mit den Defektindizes $(\mathfrak{m}', \mathfrak{n}')$.

Zum Beweis nehme man in $\mathfrak{H}_H^+$ und in $\mathfrak{H}_H^-$ je ein vollständiges orthonormales System $\mathfrak{P} = \{\varphi_\alpha\}$ und $\mathfrak{Q} = \{\psi_\beta\}$. Da $\mathfrak{P}$ von der Mächtigkeit $\mathfrak{m}$ ist, kann man es in zwei Untersysteme, $\mathfrak{P}' = \{\varphi_\alpha'\}$ und $\mathfrak{P}'' = \{\varphi_\alpha''\}$, von den Mächtigkeiten $\mathfrak{m}'$ bzw. $\mathfrak{p}$, zerlegen. Ebenso kann man $\mathfrak{Q}$ in zwei Untersysteme, $\mathfrak{Q}' = \{\psi_\beta'\}$ und $\mathfrak{Q}'' = \{\psi_\beta''\}$, von den Mächtigkeiten $\mathfrak{n}'$ bzw. $\mathfrak{p}$, zerlegen. Da $\mathfrak{P}''$ und $\mathfrak{Q}''$ die gleiche Mächtigkeit $\mathfrak{p}$ haben, lassen sich ihre Elemente einander paarweise zuordnen. Diese Zuordnung erzeugt eine lineare und isometrische Transformation W des von $\mathfrak{P}''$ aufgespannten Unterraumes $\mathfrak{F}$ in den von $\mathfrak{Q}''$ aufgespannten Unterraum $\mathfrak{G}$. V_H und W erzeugen endlich zusammen eine isometrische Transformation V mit $\mathfrak{D}_V = \mathfrak{D}_{V_H} \oplus \mathfrak{F}$ und $\mathfrak{W}_V = \mathfrak{W}_{V_H} \oplus \mathfrak{G}$. Wenn H' diejenige symmetrische Transformation bedeutet, deren CAYLEYsche Transformierte gleich V ist, dann ist H' offenbar eine Fortsetzung von H und hat die Defektindizes $(\mathfrak{m}', \mathfrak{n}')$. (Man sieht aus der Konstruktion, daß unendlich viele verschiedene derartige Fortsetzungen von H möglich sind.)

Umgekehrt, *ist H' eine beliebige symmetrische Fortsetzung von H, und sind $(\mathfrak{m}', \mathfrak{n}')$ die Defektindizes von H', so gibt es eine Kardinalzahl $\mathfrak{p}$ derart, daß $\mathfrak{m} = \mathfrak{m}' + \mathfrak{p}$ und $\mathfrak{n} = \mathfrak{n}' + \mathfrak{p}$ (nämlich $\mathfrak{p} = \mathrm{Dim}\,(\mathfrak{D}_{V_{H'}} \ominus \mathfrak{D}_{V_H}))$.*

Es folgt aus dem Bisherigen, daß *eine symmetrische Transformation dann und nur dann zu einer selbstadjungierten Transformation fortgesetzt werden kann, wenn ihre Defektindizes gleich sind*[1].

In einem verallgemeinerten Sinne kann aber jede symmetrische Transformation H des Raumes $\mathfrak{R}$ in eine selbstadjungierte Transformation fortgesetzt werden. *Es gibt nämlich immer einen Raum $\mathfrak{R}'$, der $\mathfrak{R}$ als einen Unterraum enthält, so daß H in $\mathfrak{R}'$ eine selbstadjungierte Fortsetzung A besitzt (sog. Fortsetzung zweiter Art)*. Man kann sogar fordern, daß $\mathfrak{D}_A \cdot (\mathfrak{R}' \ominus \mathfrak{R})$ in $\mathfrak{R}' \ominus \mathfrak{R}$ dicht sei (reguläre Fortsetzung)[2].

4. Maximale symmetrische Transformationen.

Sei $\mathfrak{H}$ ein HILBERTscher Raum und sei $\varphi_1, \varphi_2, \ldots$ ein vollständiges orthonormales System in H. Die durch $V_0 \sum\limits_{k=1}^{\infty} c_k \varphi_k = \sum\limits_{k=1}^{\infty} c_k \varphi_{k+1}$ in $\mathfrak{H}$ überall erklärte Transformation V_0 ist offenbar isometrisch. Es wird behauptet, daß $\mathfrak{W}_{I-V_0}$ in $\mathfrak{H}$ dicht ist. Sonst gäbe es ja ein zu $\mathfrak{W}_{I-V_0}$ orthogonales Element $g \neq 0$ in $\mathfrak{H}$; es wäre insbesondere $((I - V_0)g, g) = 0$, also $\|g\|^2 = (V_0 g, g)$. Da $\|V_0 g\| = \|g\|$, hätte man $\|(I - V_0)g\|^2 = \|g\|^2 - (V_0 g, g) - (g, V_0 g) + \|V_0 g\|^2 = \|g\|^2 - \|g\|^2 - \|g^2\| + \|g\|^2 = 0$, also $(I - V_0)g = 0$, $V_0 g = g$. Dies ist aber offenbar nur für $g = 0$ möglich.

Da also $\mathfrak{W}_{I-V_0}$ in $\mathfrak{H}$ dicht ist, ist V_0 die CAYLEYsche Transformierte einer (abgeschlossenen) symmetrischen Transformation H_0. H_0 hat die Defektindizes $(0, 1)$ und heißt eine *elementare symmetrische Transformation*.

---

[1] Nach STONE [*] (Kap. 9, § 3) kann (mindestens in einem separablen $\mathfrak{R}$) jede symmetrische Transformation H durch eine Folge beschränkter selbstadjungierten Transformationen A_n in dem Sinne „approximiert" werden, daß die kleinste abgeschlossene Fortsetzung von $\lim A_n$ Fortsetzung von H ist: $H \subseteq [\lim A_n]$ (Verallgemeinerung von Sätzen von CARLEMAN [*] (Kap. 1—2) über symmetrische Integraloperatoren). Vgl. auch NEUMARK [2], [3].

[2] NEUMARK [2].

Ist $\mathfrak{n}$ eine beliebige Kardinalzahl, so kann man eine symmetrische Transformation mit den Defektindizes $(0, \mathfrak{n})$ folgendermaßen konstruieren. Man nehme eine Menge $\{\mathfrak{H}_\omega\}$ von HILBERTschen Räumen, wo ω eine Indizesmenge Ω von der Mächtigkeit $\mathfrak{n}$ durchläuft. $\mathfrak{R}_0$ sei ein beliebiger euklidischer Raum. In jedem $\mathfrak{H}_\omega$ betrachte man je eine elementare symmetrische Transformation $H_0^{(\omega)}$; in $\mathfrak{R}_0$ nehme man eine beliebige selbstadjungierte Transformation A. Die Transformation $H = A \times \prod_{\omega \in \Omega} \times H_0^{(\omega)}$ von $\mathfrak{R} = \mathfrak{R}_0 \times \prod_{\omega \in \Omega} \times \mathfrak{H}_\omega$ ist abgeschlossen, symmetrisch, und hat die CAYLEYsche Transformierte $V_H = V_A \times \prod_{\omega \in \Omega} \times V_{H_0}^{(\omega)}$. Da V_A unitär, und da die $V_{H_0}^{(\omega)}$ vom Typus V_0 sind, hat H die Defektindizes $(0, \mathfrak{n})$.

Hiermit sind im wesentlichen alle maximalen symmetrischen Transformationen mit den Defektindizes $(0, \mathfrak{n})$ erhalten. Es gilt nämlich der Satz: *Ist H maximal symmetrisch mit den Defektindizes $(0, \mathfrak{n})$, so gibt es paarweise orthogonale Unterräume $\mathfrak{R}_0, \mathfrak{H}_1, \mathfrak{H}_2, \ldots, \mathfrak{H}_\omega, \ldots$ (ω durchläuft eine Indizesmenge Ω von der Mächtigkeit $\mathfrak{n}$; $\mathfrak{R}_0$ besteht evtl. bloß aus dem Nullelement, während $\operatorname{Dim} \mathfrak{H}_\omega$ abzählbar unendlich ist), die zusammen $\mathfrak{R}$ aufspannen, und die alle H reduzieren, und zwar so, daß der in $\mathfrak{R}_0$ liegende Teil von H selbstadjungiert, der in $\mathfrak{H}_\omega$ liegende Teil elementar symmetrisch ist.*

Zum Beweis nehme man im Defektraum $\mathfrak{H}_H^-$ ein vollständiges orthonormales System $\{\varphi_\omega\}$ ($\omega \in \Omega$; es hat notwendig die Mächtigkeit $\mathfrak{n}$). Wegen der Isometrie der CAYLEYschen Transformierten V_H ist auch das System $\{V_H^k \varphi_\omega\}$ ($k = 1, 2, \ldots; \omega \in \Omega$) orthonormal; der durch $\{\varphi_\omega, V_H \varphi_\omega, V_H^2 \varphi_\omega, \ldots\}$ aufgespannte Unterraum sei $\mathfrak{H}_\omega$. Man sieht leicht, daß V_H in $\mathfrak{H}_\omega$ auf eine Transformation vom obigen Typus V_0 reduziert wird. V_H wird dann auch von $\mathfrak{R}_0 = \mathfrak{R} \ominus \sum_{\omega \in \Omega} \oplus \mathfrak{H}_\omega$ reduziert; der in $\mathfrak{R}_0$ liegende Teil U von V_H ist unitär (dies folgt daraus, daß $\mathfrak{R}_0 \ominus \mathfrak{W}_U$ gleichzeitig $\subseteq \mathfrak{H}_H^-$ und $\subseteq \mathfrak{R}_0 = \mathfrak{R} \ominus \sum_{\omega \in \Omega} \oplus \mathfrak{H}_\omega \subseteq \mathfrak{R}_0 \ominus \mathfrak{H}_H^-$, folglich $\mathfrak{W}_U = \mathfrak{R}_0$). Mit V_H reduzieren diese Unterräume auch H. Der in $\mathfrak{R}_0$ liegende Teil von H hat die CAYLEYsche Transformierte U, also ist selbstadjungiert. Der in $\mathfrak{H}_\omega$ liegende Teil hat eine CAYLEYsche Transformierte vom Typus V_0, also ist elementar symmetrisch.

Der Fall einer maximalen symmetrischen Transformation H mit den Defektindizes $(\mathfrak{m}, 0)$ braucht nicht gesondert betrachtet zu werden, da dann $-H$ die Defektindizes $(0, \mathfrak{m})$ hat. Dies folgt aus dem leicht zu verifizierenden Zusammenhang $V_{-H} = (V_H)^{-1}$.

5. Reelle Transformationen.

Bedeute $\mathfrak{R}$ ein $L^2(S)$. Eine Transformation T heißt reell, wenn $\mathfrak{D}_T$ mit jedem $f(x)$ auch $\overline{f(x)}$ enthält, und wenn $T\overline{f(x)}$ gleich $\overline{Tf(x)}$ ist. Ist T linear und reell, und existiert T^*, so ist T^* auch reell. Ist nämlich $g(x) \in \mathfrak{D}_{T^*}$, so hat man

$$\left(Tf(x), \overline{g(x)}\right) = \overline{\left(\overline{Tf(x)}, g(x)\right)} = \overline{\left(T\overline{f(x)}, g(x)\right)} = \overline{\left(\overline{f(x)}, T^*g(x)\right)}$$
$$= \left(f(x), \overline{T^*g(x)}\right),$$

folglich ist auch $\overline{g(x)}$ in $\mathfrak{D}_{T^*}$ enthalten und es gilt: $T^*\overline{g(x)} = \overline{T^*g(x)}$.

Eine symmetrische reelle Transformation H hat immer gleiche Defektindizes. Es folgt ja aus der Gleichung $H^*f = \pm if$ die Gleichung $H^*\overline{f} = \mp i\overline{f}$, also besteht $\mathfrak{H}_H^-$ einfach aus den komplexkonjugierten der Elemente von $\mathfrak{H}_H^+$, woraus aber ohne weiteres folgt, daß $\mathfrak{H}_H^+$ und $\mathfrak{H}_H^-$ die gleiche Dimension haben.

Also läßt sich jede reelle symmetrische Transformation H zu einer selbstadjungierten A fortsetzen. Man kann sogar immer erreichen, daß auch A reell ist[1], z. B. mit der folgenden Konstruktion. Ist $\mathfrak{P} = \{\varphi_\alpha\}$ ein vollständiges orthonormales System in $\mathfrak{H}_H^+$, so ist $\mathfrak{Q} = \{\overline{\varphi}_\alpha\}$ ein ebensolches in $\mathfrak{H}_H^-$. Wenn man V_H derart fortsetzt, daß zu φ_α eben $\overline{\varphi}_\alpha$ zuordnet, dann wird die gewonnene unitäre Transformation die CAYLEYsche Transformierte einer reellen selbstadjungierten Transformation A. Dann ist nämlich $\mathfrak{D}_A$ die Gesamtheit der Elemente von der Form $g = f + (I - V) \sum c_k \varphi_k = f + \sum c_k (\varphi_k - \overline{\varphi}_k)$ mit $f \in \mathfrak{D}_H$; $\overline{g}$ hat aber dieselbe Form (mit $\overline{f}$ statt f und $-\overline{c}_k$ statt c_k), also gehört mit g auch $\overline{g}$ zu $\mathfrak{D}_A$. Man hat

$$
\begin{aligned}
A\overline{g} &= A\left(\overline{f} + \sum \overline{c}_k(\overline{\varphi}_k - \varphi_k)\right) = A\left(\overline{f} - (I - V)\sum \overline{c}_k \varphi_k\right) = A\overline{f} - i(I + V)\sum \overline{c}_k \varphi_k \\
&= H\overline{f} - i\sum \overline{c}_k(\varphi_k + \overline{\varphi}_k) = \overline{Hf + i\sum c_k(\overline{\varphi}_k + \varphi_k)} = \overline{Hf + i(I + V)\sum c_k \varphi_k} \\
&= \overline{Af + A(I - V)\sum c_k \varphi_k} = \overline{Ag}.
\end{aligned}
$$

„Reelle" Transformationen kann man auch im abstrakten Raum $\mathfrak{R}$ definieren, wenn man in $\mathfrak{R}$ zuerst eine sog. *Konjugation* einführt. Dies ist eine in $\mathfrak{R}$ überall definierte Transformation J, für die $J^2 = I$ und $(Jf, Jg) = \overline{(f, g)} = (g, f)$. Die Transformation T heißt dann in bezug auf J reell, wenn sie mit J vertauschbar ist (d. h., wenn $Jf \in \mathfrak{D}_T$ und $TJf = JTf$, sobald $f \in \mathfrak{D}_T$). Die obigen Ergebnisse bleiben auch in dieser abstrakten Schreibweise gültig.

VII. Integrale allgemeiner Funktionen in bezug auf eine Spektralschar.

1. Beschränkte Funktionen.

Man kann die Beziehung

$$(1) \qquad (F(\mathsf{E})f, g) = \int_{-\infty}^{\infty} F(\lambda)\, d(E_\lambda f, g)$$

(vgl. III. 2—3) auch zur Definition von $F(\mathsf{E})$ benutzen, und zwar nicht nur im Falle BAIREscher Funktionen, sondern auch im Falle allgemeinerer Funktionen, für die das Integral rechts einen Sinn hat. Wir brauchen nur vorauszusetzen, daß $F(\lambda)$ eine beschränkte Funktion ist, die in bezug auf *jede* (monotone) Funktion $(E_\lambda f, f) = \|E_\lambda f\|^2$ ($f \in \mathfrak{R}$) im LEBESGUE–STIELTJESschem Sinne meßbar ist; dann ist sie in bezug auf jede Funktion $(E_\lambda f, g)$ ($f, g \in \mathfrak{R}$) integrierbar, weil

$$(E_\lambda f, g) = \left\|E_\lambda \frac{f + g}{2}\right\|^2 - \left\|E_\lambda \frac{f - g}{2}\right\|^2 + i\left\|E_\lambda \frac{f + ig}{2}\right\|^2 - i\left\|E_\lambda \frac{f - ig}{2}\right\|^2.$$

---

[1] v. NEUMANN [1] (S. 101), STONE [*] (Kap. 9, § 2).

Eine solche Funktion heißt, kurz gesagt, *meßbar in bezug auf* E. Das Integral $\int_{-\infty}^{\infty} F(\lambda)\,d(E_\lambda f, g)$ definiert für jedes feste f eine konjugiert-lineare Operation $L_f(g)$.[1] Ist $M = \max|F(\lambda)|$, so hat man

$$|L_f(g)| \leqq M \times \text{totale Variation von } (E_\lambda f, g).$$

Um diese totale Variation zu ermitteln, betrachten wir die Variation V, die einer Zerlegung der λ-Achse in die Intervalle $\delta_k = (\lambda_k, \mu_k]\ (k = 1, 2, \ldots)$ entspricht:

$$V = \sum_k |(E_{\mu_k} f, g) - (E_{\lambda_k} f, g)| = \sum_k |(E(\delta_k) f, g)| = \sum_k |(E(\delta_k) f, E(\delta_k) g)|$$

$$\leqq \sum_k \|E(\delta_k) f\| \cdot \|E(\delta_k) g\| \leqq \left\{ \sum_k \|E(\delta_k) f\|^2 \cdot \sum_k \|E(\delta_k) g\|^2 \right\}^{\frac{1}{2}} = \|f\| \cdot \|g\|;$$

hier haben wir einmal die SCHWARZsche, dann die CAUCHYsche Ungleichung: $\sum a_k b_k \leqq \{\sum a_k^2 \cdot \sum b_k^2\}^{\frac{1}{2}}$ benutzt. Folglich ist auch die totale Variation $\leqq \|f\| \cdot \|g\|$, also

$$|L_f(g)| \leqq M \|f\| \cdot \|g\|.$$

Es gibt also, nach I. 4, ein Element f^* derart, daß $\overline{L_f(g)} = (g, f^*)$, also $L_f(g) = (f^*, g)$. Die durch $Tf = f^*$ definierte Transformation T ist offenbar linear, und, wegen

$$\|Tf\|^2 = (Tf, Tf) = L_f(Tf) \leqq M \|Tf\| \|f\|,$$

ist $\|Tf\| \leqq M\|f\|$, d. h. $\|T\| \leqq M$.

Wir haben also

$$(Tf, g) = \int_{-\infty}^{\infty} F(\lambda)\,d(E_\lambda f, g);$$

wir werden $\int_{-\infty}^{\infty} F(\lambda)\,dE_\lambda$ (kurz geschrieben: $F(E)$) durch T definieren, was erlaubt ist, da die Gültigkeit der Formel (1) uns darüber versichert, daß diese neue Definition im Falle der BAIREschen Funktionen mit der früheren übereinstimmt.

Auch die übrigen der Eigenschaften $1-8$ von III. 2 bleiben behalten. Zuerst ist es klar, daß $F(E) = O$ bzw. $= I$, wenn $F(\lambda) \equiv 0$ bzw. $\equiv 1$, und, daß $F(E) = a_1 F_1(E) + a_2 F_2(E)$, wenn $F(\lambda) = a_1 F_1(\lambda) + a_2 F_2(\lambda)$. Wenn $F(\lambda) = F_1(\lambda) \cdot F_2(\lambda)$, dann hat man

$$(2) \qquad (F_1(E) F_2(E) f, g) = \int_{-\infty}^{\infty} F_1(\lambda)\,d(E_\lambda F_2(E) f, g) = \int_{-\infty}^{\infty} F_1(\lambda)\,d(F_2(E) f, E_\lambda g)$$

$$= \int_{-\infty}^{\infty} F_1(\lambda)\,d_\lambda \int_{-\infty}^{\infty} F_2(\mu)\,d_\mu (E_\mu f, E_\lambda g)$$

$$= \int_{-\infty}^{\infty} F_1(\lambda)\,d_\lambda \int_{-\infty}^{\lambda} F_2(\mu)\,d_\mu (E_\mu f, g)\,^2$$

$$= \int_{-\infty}^{\infty} F_1(\lambda) F_2(\lambda)\,d_\lambda (E_\lambda f, g) = (F(E) f, g),$$

---

[1] D. h. $\overline{L_f(g)}$ ist eine lineare Operation.

[2] Für $\mu \geqq \lambda$ ist ja $(E_\mu f, E_\lambda g) = (E_\lambda E_\mu f, g) = (E_\lambda f, g)$, also konstant.

d. h.: $F(\mathsf{E}) = F_1(\mathsf{E}) \cdot F_2(\mathsf{E})$. Hieraus folgt auch, daß alle $F(\mathsf{E})$ miteinander vertauschbar sind, insbesondere ist $F(\mathsf{E})$ mit $\overline{F}(\mathsf{E})$ vertauschbar. Nun ist $\overline{F}(\mathsf{E}) = (F(\mathsf{E}))^*$, da

$$((F(\mathsf{E}))^* f,\, g) = (f,\, F(\mathsf{E})g) = \overline{(F(\mathsf{E})g,\, f)} = \overline{\int_{-\infty}^{\infty} F(\lambda)\, d(E_\lambda g,\, f)}$$

$$= \int_{-\infty}^{\infty} \overline{F(\lambda)}\, d(E_\lambda f,\, g) = (\overline{F}(\mathsf{E})f,\, g);$$

folglich ist $F(\mathsf{E})$ normal; ist $F(\lambda)$ reellwertig, so ist $F(\mathsf{E})$ sogar selbstadjungiert; ist $F(\lambda) \geqq 0$, so ist $F(\mathsf{E}) \geqq O$. Ist B beschränkt, selbstadjungiert und $\mathfrak{v}\,\{E_\lambda\}$, so hat man

$$(F(\mathsf{E})Bf,\, g) = \int_{-\infty}^{\infty} F(\lambda)\, d(E_\lambda Bf,\, g) = \int_{-\infty}^{\infty} F(\lambda)\, d(E_\lambda f,\, Bg) = (F(\mathsf{E})f,\, Bg)$$

$$= (BF(\mathsf{E})f,\, g),$$

also $B\,\mathfrak{v}\,F(\mathsf{E})$. Damit ist gezeigt, daß $F(\mathsf{E})\,\mathfrak{v}\mathfrak{v}\,\{E_\lambda\}$.

Aus den Eigenschaften 3 und 5 folgt weiter die zweite der Integraleigenschaften 7:

$$(3) \qquad \|F(\mathsf{E})f\|^2 = ((F(\mathsf{E}))^* F(\mathsf{E})f,\, f) = \int_{-\infty}^{\infty} |F(\lambda)|^2\, d(E_\lambda f,\, f).$$

Hieraus folgt, daß $F(\mathsf{E}) = O$ *nur* dann, wenn $F(\lambda)$ höchstens auf einer solchen Menge $\neq 0$ ist, die in bezug auf *jede* Funktion $(E_\lambda f,\, f)$ vom Maße 0 ist — wenn also, kurz gesagt, $F(\lambda)$ *fast überall* (f. ü.) *in bezug auf* E gleich 0 ist. Weiter folgt, daß $F_1(\mathsf{E}) = F_2(\mathsf{E})$ *nur* dann, wenn $F_1(\lambda) = F_2(\lambda)$ f. ü. in bezug auf E.

$F(\mathsf{E})$ *ist dann und nur dann eine Projektion, wenn* $F(\lambda)$ *f. ü. in bezug auf* E *nur die Werte* 0 *oder* 1 *annimmt*, d. h. f. ü. $F(\lambda) = F^2(\lambda)$ ist. Aus $F(\lambda) - F^2(\lambda) = 0$ folgt ja erstens, daß $F(\lambda) \geqq 0$, also ist $F(\mathsf{E})$ selbstadjungiert. Zweitens hat man: $F(\mathsf{E}) - F^2(\mathsf{E}) = O$, also ist $F(\mathsf{E})$ wirklich eine Projektion. Umgekehrt, ist $F(\mathsf{E})$ eine Projektion, so ist $\|[F(\mathsf{E}) - F^2(\mathsf{E})]f\|^2 = 0$ für jedes f, also ist, wegen (3),

$$\int_{-\infty}^{\infty} |F(\lambda) - F^2(\lambda)|^2\, d(E_\lambda f,\, f) = 0,$$

d. h. ist $F(\lambda) - F^2(\lambda) = 0$ f. ü. in bezug auf E. — Mit ähnlichem Schluß zeigt man, daß $F(\mathsf{E})$ *dann und nur dann unitär ist, wenn* $|F(\lambda)|$ *fast überall in bezug auf* E *gleich* 1 *ist*.

2. Nichtbeschränkte Funktionen.

Sei $F(\lambda)$ in bezug auf E fast überall definiert und meßbar, aber nicht notwendig beschränkt. Für $k = 1,\, 2,\, \ldots$ setze man

$$e_k(\lambda) = \begin{cases} 1, & \text{wenn } k - 1 \leqq |F(\lambda)| < k \\ 0 & \text{sonst} \end{cases}. \text{ Ferner sei } e^{(n)}(\lambda) = \sum_1^n e_k(\lambda). \text{ Die}$$

$e_k(\mathsf{E})$ sind dann paarweise orthogonale Projektionen mit der Summe I (letztes folgt daraus, daß $e^{(n)}(\lambda) \to 1$ f. ü. in bezug auf E). Wenn also $\mathfrak{M}_k$ der zur Projektion $e_k(\mathsf{E})$ gehörige Unterraum bedeutet, so ist

$$\sum_1^\infty \oplus \mathfrak{M}_k = \mathfrak{R}.$$

Da $F_k(\lambda) = e_k(\lambda) F(\lambda)$ beschränkt ist, hat $F_k(\mathsf{E})$ schon einen Sinn; da $e_k(\mathsf{E}) \mathfrak{v} F_k(\mathsf{E})$, wird $F_k(\mathsf{E})$ von $\mathfrak{M}_k$ reduziert. Sein in $\mathfrak{M}_k$ liegender Teil sei A_k, dies ist eine beschränkte normale Transformation. $A = \prod\limits_1^\infty \times A_k$ ist dann auch normal. Da $\prod\limits_1^\infty \times \mathfrak{M}_k$ mit $\mathfrak{R}$ identifiziert werden kann, ist A eine Transformation in $\mathfrak{R}$. Das Integral $\int\limits_{-\infty}^\infty F(\lambda)\,dE_\lambda$ (kurz geschrieben: $F(\mathsf{E})$) wollen wir eben als gleich A definieren. $\mathfrak{D}_A$ besteht aus denjenigen Elementen $f = f_1 + f_2 + \cdots$ ($f_k \in \mathfrak{M}_k$), für die

$$\sum_1^\infty \|A_k f_k\|^2 = \sum_1^\infty \|F_k(\mathsf{E}) e_k(\mathsf{E}) f\|^2 = \sum_1^\infty \int\limits_{-\infty}^\infty |F_k(\lambda) e_k(\lambda)|^2 d\|E_\lambda f\|^2$$

$$= \sum_1^\infty \int\limits_{-\infty}^\infty |F(\lambda)|^2 e_k(\lambda)\,d\|E_\lambda f\|^2 = \lim_{n\to\infty} \int\limits_{-\infty}^\infty |F(\lambda)|^2 e^{(n)}(\lambda)\,d\|E_\lambda f\|^2 < \infty,$$

d. h. für die

$$(4) \qquad \int\limits_{-\infty}^\infty |F(\lambda)|^2 d\|E_\lambda f\|^2 < \infty,$$

und dann liefert dieses Integral den Wert von $\|F(\mathsf{E})f\|^2$. Für ein solches f ist ferner

$$(5) \qquad F(\mathsf{E})f = \sum_1^\infty A_k f_k = \sum_1^\infty F_k(\mathsf{E}) e_k(\mathsf{E}) f,$$

$$(6) \quad (F(\mathsf{E}))^* f = \sum_1^\infty A_k^* f_k = \sum_1^\infty (F_k(\mathsf{E}) e_k(\mathsf{E}))^* f_k = \sum_1^\infty \overline{F}_k(\mathsf{E}) e_k(\mathsf{E}) f = \overline{F}(\mathsf{E}) f.$$

Aus (5) folgt für $f \in \mathfrak{D}_A$, $g \in \mathfrak{R}$:

$$(F(\mathsf{E})f,\, g) = \sum_1^\infty (F_k(\mathsf{E}) e_k(\mathsf{E}) f,\, g) = \sum_1^\infty \int\limits_{-\infty}^\infty F_k(\lambda) e_k(\lambda)\,d(E_\lambda f,\, g)$$

$$= \lim_{n\to\infty} \int\limits_{-\infty}^\infty F(\lambda) e^{(n)}(\lambda)\,d(E_\lambda f,\, g),$$

also

$$(7) \qquad (F(\mathsf{E})f,\, g) = \int\limits_{-\infty}^\infty F(\lambda)\,d(E_\lambda f,\, g).$$

Im letzten Schritt konnten wir den LEBESGUEschen Satz anwenden, da $|F(\lambda)|$ in bezug auf die Totalvariationsfunktion $\varrho(\lambda)$ von $(E_\lambda f,\, g)$ integrierbar ist. Analog zu einer Rechnung von VII. 1 zeigt man dazu zuerst, daß für ein beliebiges Intervall $\delta = (a,\, b]$ gilt: $\varrho(\delta) = \varrho(b) - \varrho(a) \leq \|E(\delta)f\|\,\|E(\delta)g\|$; hieraus folgt dann

$$\int_{-\infty}^{\infty}|F(\lambda)|\,d\varrho(\lambda) \leqq \int_{-\infty}^{\infty}|F(\lambda)|\,\|E(d\lambda)f\|\,\|E(d\lambda)g\|$$

$$\leqq \left\{\int_{-\infty}^{\infty}|F(\lambda)|^2\|E(d\lambda)f\|^2 \cdot \int_{-\infty}^{\infty}\|E(d\lambda)g\|^2\right\}^{\frac{1}{2}}$$

$$= \left\{\int_{-\infty}^{\infty}|F(\lambda)|^2\,d\|E_\lambda f\|^2 \cdot \|g\|^2\right\}^{\frac{1}{2}} = \|F(\mathsf{E})f\| \cdot \|g\|.$$

Wir haben also den Satz[1]:

Ist $F(\lambda)$ in bezug auf E fast überall definiert und meßbar, so ist die Menge $\mathfrak{D}$ derjenigen Elemente f, für die (4) gilt, eine in $\mathfrak{R}$ dichte Linearmannigfaltigkeit. Es gibt eine auf $\mathfrak{D}$ definierte normale Transformation, die wir mit $\int_{-\infty}^{\infty}F(\lambda)\,dE_\lambda$ (oder kurz mit $F(\mathsf{E})$) bezeichnen, so daß (7) für jedes $f\in\mathfrak{D}$ und $g\in\mathfrak{R}$ gilt (dabei ist das Integral absolut konvergent). Das Integral (4) ergibt $\|F(\mathsf{E})f\|^2$. Weiter hat man: a) $(F(\mathsf{E}))^* = \overline{F}(\mathsf{E})$; b) $F(\mathsf{E})\,\mathfrak{v}\mathfrak{v}\{E_\lambda\}$; c) $(cF)(\mathsf{E}) = cF(\mathsf{E})$ *für* $c \neq 0$; d) $(F_1+F_2)(\mathsf{E}) \supseteq F_1(\mathsf{E}) + F_2(\mathsf{E})$; *Gleichheit gilt hier z. B., wenn* $\mathfrak{D}_{F_2(\mathsf{E})} \supseteq \mathfrak{D}_{(F_1+F_2)(\mathsf{E})}$ *(also insbesondere, wenn $F_2(\lambda)$ beschränkt ist).* e) $(F_1F_2)(\mathsf{E}) \supseteq F_1(\mathsf{E})F_2(\mathsf{E})$; *Gleichheit gilt hier, wenn* $\mathfrak{D}_{F_2(\mathsf{E})} \supseteq \mathfrak{D}_{(F_1F_2)(\mathsf{E})}$ *(also insbesondere, wenn $F_2(\lambda)$ beschränkt ist), sonst ist* $F_1(\mathsf{E})F_2(\mathsf{E})$ *die Einschränkung von* $(F_1F_2)(\mathsf{E})$ *auf* $\mathfrak{D}_{(F_1F_2)(\mathsf{E})} \cdot \mathfrak{D}_{F_2(\mathsf{E})}$.

Beweis von a) *bis* e): a) folgt aus (6). — b) Ist $F_k(\lambda)$ die im Sinne des obigen Beweises zu $F(\lambda)$ gehörige Folge, so hat man $F_k(\mathsf{E})\,\mathfrak{v}\mathfrak{v}\{E_\lambda\}$ und $\sum_1^\infty F_k(\mathsf{E}) = F(\mathsf{E})$, also auch $F(\mathsf{E})\,\mathfrak{v}\mathfrak{v}\{E_\lambda\}$. — c) Klar. — d) Dies folgt daraus, daß, wenn $F_1(\lambda)$ und $F_2(\lambda)$ in bezug auf $\|E_\lambda f\|^2$ quadratisch integrierbar sind, dann ihre Summe es auch ist und $\int_{-\infty}^{\infty}(F_1(\lambda)+F_2(\lambda))\,d(E_\lambda f, g)$ $= \int_{-\infty}^{\infty}F_1(\lambda)\,d(E_\lambda f,g) + \int_{-\infty}^{\infty}F_2(\lambda)\,d(E_\lambda f,g)$. Also ist $(F_1+F_2)(\mathsf{E})\supseteq F_1(\mathsf{E})+F_2(\mathsf{E})$. Ebenso ist $F_1(\mathsf{E}) \supseteq (F_1+F_2)(\mathsf{E}) - F_2(\mathsf{E})$, also wenn $\mathfrak{D}_{F_2(\mathsf{E})} \supseteq \mathfrak{D}_{(F_1+F_2)(\mathsf{E})}$, dann $F_1(\mathsf{E}) + F_2(\mathsf{E}) \supseteq (F_1+F_2)(\mathsf{E})$. — e) Für $f\in\mathfrak{D}_{F_2(\mathsf{E})}$ ist

$$\|E_\lambda F_2(\mathsf{E})f\|^2 = \|F_2(\mathsf{E})E_\lambda f\|^2 = \int_{-\infty}^{\infty}|F_2(\mu)|^2\,d\|E_\mu E_\lambda f\|^2 = \int_{-\infty}^{\lambda}|F_2(\mu)|^2\,d\|E_\mu f\|^2,$$

also hat man

$$\int_{-\infty}^{\infty}|F_1(\lambda)|^2\,d\|E_\lambda F_2(\mathsf{E})f\|^2 = \int_{-\infty}^{\infty}|F_1(\lambda)F_2(\lambda)|^2\,d\|E_\lambda f\|^2$$

(in dem Sinne, daß beide Seiten auch ∞ sein können). Dies bedeutet folgendes: Für ein $f\in\mathfrak{D}_{F_2(\mathsf{E})}$ sind $F_1(\mathsf{E})F_2(\mathsf{E})f$ und $(F_1F_2)(\mathsf{E})f$ entweder

---

[1] v. Neumann [4], Stone [*] (Kap. 6), Maeda [1], Lorch [1], [2]. Die letztgenannte Arbeit bezieht sich auch auf allgemeinere Banachsche Räume.

beide sinnvoll oder keine. Es gilt also: $\mathfrak{D}_{F_1(\mathsf{E})F_2(\mathsf{E})} = \mathfrak{D}_{(F_1F_2)(\mathsf{E})} \cdot \mathfrak{D}_{F_2(\mathsf{E})}$. Für ein $f \in \mathfrak{D}_{(F_1F_2)(\mathsf{E})} \cdot \mathfrak{D}_{F_2(\mathsf{E})}$ ist ferner

$$(F_1(\mathsf{E})F_2(\mathsf{E})f,\, g) = \int_{-\infty}^{\infty} F_1(\lambda)\, d(E_\lambda F_2(\mathsf{E})f,\, g) = \int_{-\infty}^{\infty} F_1(\lambda)\, d(F_2(\mathsf{E}) E_\lambda f,\, g)$$

$$= \int_{-\infty}^{\infty} F_1(\lambda)\, d \int_{-\infty}^{\lambda} F_2(\mu)\, d(E_\mu f,\, g) = \int_{-\infty}^{\infty} F_1(\lambda) F_2(\lambda)\, d(E_\lambda f,\, g)$$

$$= ((F_1 F_2)(\mathsf{E})f,\, g)$$

mit beliebigem $g \in \mathfrak{R}$. Also ist $F_1(\mathsf{E})F_2(\mathsf{E})f = (F_1F_2)(\mathsf{E})f$, womit alles bewiesen ist.

Aus Ergebnissen von X. 2 wird folgen, daß im Falle eines separablen Raumes $\mathfrak{R}$ jede in bezug auf E meßbare Funktion f. ü. mit einer BAIREschen Funktion übereinstimmt; in diesem Falle liefert also die Integration nicht-BAIREscher Funktionen keine neuen Transformationen. Im Falle nichtseparabler Räume ist dies indessen nicht immer so. Als Beispiel betrachte man den Raum $\mathfrak{R}_C$ (siehe I. 2) und in ihm die folgende Spektralschar:

$$E_\lambda f(x) = e_\lambda(x) f(x), \quad \text{wo} \quad e_\lambda(x) = \begin{cases} 1 \ \text{ für } \ x \leqq \lambda \\ 0 \ \text{ für } \ x > \lambda \end{cases}.$$

Dann ist $(E_\lambda f,\, f) = \sum\limits_{x \leqq \lambda} |f(x)|^2$, also eine reine Sprungfunktion. In bezug auf eine solche ist aber *jede* Funktion meßbar. Wegen

$$\int_{-\infty}^{\infty} F(\lambda)\, d(E_\lambda f,\, g) = \int_{-\infty}^{\infty} F(\lambda)\, d_\lambda\left(\sum\limits_{x \leqq \lambda} f(x)\overline{g(x)} \right) = \sum\limits_{-\infty < x < \infty} F(x) f(x) \overline{g(x)} = (F(x)f(x),\, g(x))$$

ist $F(\mathsf{E})$ einfach die Multiplikation mit $F(x)$. Folglich gilt $F_1(\mathsf{E}) = F_2(\mathsf{E})$ *nur* dann, wenn $F_1(\lambda) \equiv F_2(\lambda)$.

Die Integration in bezug auf mehrparametrige Spektralscharen läßt sich in völliger Analogie definieren. Übrigens kann jede in der Form $A = \int\limits_{R_n} F(\lambda_1,\, \lambda_2,\, \ldots,\, \lambda_n)\, dE_{\lambda_1,\, \lambda_2,\, \ldots,\, \lambda_n}$ dargestellte selbstadjungierte Transformation (dann ist F f. ü. reellwertig!) auch in der Form $A = \int\limits_{-\infty}^{\infty} \lambda\, dE_\lambda$ dargestellt werden, wo die einparametrige Spektralschar $\{E_\lambda\}$ folgendermaßen definiert ist: Sei $e_\lambda(\lambda_1,\, \lambda_2,\, \ldots,\, \lambda_n) = 1$, wenn $F(\lambda_1,\, \lambda_2,\, \ldots,\, \lambda_n) \leqq \lambda$, sonst $= 0$; dann ist $E_\lambda = \int\limits_{R_n} e_\lambda(\lambda_1,\, \lambda_2,\, \ldots,\, \lambda_n)\, dE_{\lambda_1,\, \lambda_2,\, \ldots,\, \lambda_n}$. Aus der Theorie des LEBESGUE-STIELTJESschen Integrals folgt ja zunächst die Gleichung

$$\int_{-\infty}^{\infty} \lambda^2\, d\|E_\lambda f\|^2 = \int_{-\infty}^{\infty} \lambda^2\, d_\lambda \int_{R_n} |e_\lambda(\lambda_1,\, \lambda_2,\, \ldots,\, \lambda_n)|^2\, d\|E_{\lambda_1,\, \lambda_2,\, \ldots,\, \lambda_n} f\|^2$$

$$= \int_{-\infty}^{\infty} |F(\lambda_1,\, \lambda_2,\, \ldots,\, \lambda_n)|^2\, d\|E_{\lambda_1,\, \lambda_2,\, \ldots,\, \lambda_n} f\|^2$$

für jedes f, also haben A und $\int\limits_{-\infty}^{\infty} \lambda\, dE_\lambda$ denselben Definitionsbereich.

Ebenso folgt $\int_{-\infty}^{\infty} \lambda\, d(E_\lambda f,\, f) = (Af,\, f)$ für jedes $f \in \mathfrak{D}_A$. Also ist $\int_{-\infty}^{\infty} \lambda\, dE_\lambda$ wirklich gleich A.

Ebenso sieht man, daß, allgemeiner, jede in der Form

$$A = \int_{R_n} F(\lambda_1,\, \lambda_2,\, \ldots,\, \lambda_n)\, dE_{\lambda_1,\, \lambda_2,\, \ldots,\, \lambda_n}$$

dargestellte normale Transformation auch in der Form $A = \int_{G} z\, dK_z$ dargestellt werden kann, wobei die komplexe Spektralschar $\{K_z\}$ folgendermaßen definiert ist: Sei $e_z(\lambda_1,\, \lambda_2,\, \ldots,\, \lambda_n) = 1$, wenn $F(\lambda_1,\, \lambda_2,\, \ldots,\, \lambda_n) \leqq z$,[1] sonst $= 0$; dann ist $K_z = \int_{R_n} e_z(\lambda_1,\, \lambda_2,\, \ldots,\, \lambda_n)\, dE_{\lambda_1,\, \lambda_2,\, \ldots,\, \lambda_n}$.

Eine derartige Integraldarstellung $A = \int_{-\infty}^{\infty} \lambda\, dE_\lambda$ bzw. $A = \int_{G}^{\infty} z\, dK_z$ der selbstadjungierten bzw. normalen Transformation A nennen wir die *kanonische Spektraldarstellung* von A. Im nächsten Kapitel wird gezeigt werden, daß *jede* selbstadjungierte bzw. normale Transformation eine solche zuläßt.

3. Erweiterte Spektralschar. Projektionsmaß.

Eine Punktmenge M auf der λ-Achse nennt man in bezug auf die Spektralschar $\{E_\lambda\}$ meßbar, wenn ihre charakteristische Funktion $e_M(\lambda)$ es ist, und dann heißt $E(M) = \int_{-\infty}^{\infty} e_M(\lambda)\, dE_\lambda$ das Projektionsmaß von M. Alle Projektionen, die man so als Maß von meßbaren Mengen erhält, bilden die *L-Erweiterung* der Spektralschar $\{E_\lambda\}$. Alle BORELschen Mengen sind meßbar, die zugehörigen Projektionsmaße bilden die *B-Erweiterung* der Spektralschar $\{E_\lambda\}$. Wie aus den Ergebnissen von X. 2 hervorgeht, stimmen die beiden Erweiterungen im Falle eines separablen Raumes überein, im allgemeinen aber nicht[2]. Es sei bemerkt, daß mit einer Menge M auch die komplementäre Menge $\overline{M}$ meßbar ist, und daß $E(M) \cdot E(\overline{M}) = O$ ist.

Der Begriff des Projektionsmaßes läßt sich auch direkt, ohne Zuhilfenahme der Theorie des gewöhnlichen LEBESGUE-STIELTJESschen Integrals, definieren[3]. Wir skizzieren nur das Verfahren.

Für ein Intervall $\delta = (a, b)$ war $E(\delta)$ schon in III. 2 durch $E_{b-0} - E_a$ definiert. Sei nun M eine beliebige Menge auf der λ-Achse. Das System $\Delta = \{\delta_\alpha\}$ von Intervallen heißt eine Überdeckung von M, wenn $\sum_\alpha \delta_\alpha \supseteqq M$; man setze $E_\Delta = \sum_\alpha \dot{+}\, E(\delta_\alpha)$. Sei $E[M] = \prod_\beta E_{\Delta_\beta}$, wo Δ_β alle möglichen Überdeckungen von M durchläuft; $E[M]$ heißt das äußere Projektionsmaß von M. Aus $M_1 \subseteqq M_2$ folgt offenbar $E[M_1] \leqq E[M_2]$. Es ist klar, daß $E[\delta] \leqq E(\delta)$ für jedes Intervall δ; mit Hilfe des HEINE-BORELschen Überdeckungssatzes zeigt man mühelos, daß sogar $E[\delta] = E(\delta)$. Hieraus folgt $E[\delta] \cdot E[\overline{\delta}] = O$. Nun sollen eben die-

---

[1] Wir schreiben $x_1 + iy_1 \leqq x_2 + iy_2$, wenn $x_1 \leqq x_2$ und $y_1 \leqq y_2$.

[2] Diese Scharen spielen insbesondere in der Theorie der Unitärinvarianten eine Rolle (siehe IX. 4). Weitere Verallgemeinerungen des Begriffes der Spektralschar bei WECKEN [2] und NAKANO [3] (S. 724).

[3] LORCH [1], [2]; NAKANO [1].

jenigen Mengen M meßbar heißen, für die $E[M] \cdot E[\overline{M}] = O$; für eine solche Menge M schreibe man $E(M)$ statt $E[M]$ und nenne es das Projektionsmaß von M. Die meßbaren Mengen bilden ein Borelsches System und das Maß ist total-additiv. D. h. es läßt sich zeigen, daß die Vereinigung $M = \sum_k M_k$ und der Durchschnitt $M' = \prod_k M_k$ endlich oder abzählbar unendlich vieler meßbarer Mengen M_k wieder meßbar sind und $E(M) = \sum_k \overset{\cdot}{+} E(M_k)$, $E(M') = \prod_k E(M_k)$.

Insbesondere sind also die Borelschen Mengen alle meßbar.

Wenn einmal ein solches Maß für Mengen eingeführt ist, dann lassen sich Meßbarkeit und Integration von Funktionen in völliger Analogie zu den entsprechenden Begriffen der gewöhnlichen Integrationstheorie definieren.

Das in diesem Paragraphen Gesagte gilt auch für mehrparametrige Spektralscharen.

VIII. Kanonische Spektraldarstellung allgemeiner selbstadjungierter und normaler Transformationen.

1. Erster Beweis.

Sei A normal. Nach V. 2 existiert $B = (I + A^*A)^{-1}$ und ist eine beschränkte selbstadjungierte Transformation, $O \leq B \leq I$. Aus $A^*A = AA^*$, $(I + A^*A)B = I$ und $B(I + A^*A) \subseteq I$ folgt

$$BA = BA(I + A^*A)B = B(A + AA^*A)B = B(A + A^*AA)B$$
$$= B(I + A^*A)AB \subseteq AB,{}^{1}$$

also $B \mathfrak{v} A$.

Sei $B = \int_0^1 \lambda\, dF_\lambda$ die kanonische Spektraldarstellung von B (nach IV.1).

Sei f beliebig aus $\mathfrak{R}$ und sei $g = F_0 f$; dann ist $F_\lambda g$ für $\lambda \geq 0$ konstant, also hat man

$$\|Bg\|^2 = \int_0^1 \lambda^2 d\|F_\lambda g\|^2 = 0, \quad \text{folglich} \quad Bg = 0, \quad g = (I + A^*A)Bg = 0.$$

Hieraus folgt, daß $F_0 = O$.

Man setze $P_n = F_{\frac{1}{n}} - F_{\frac{1}{n+1}}$ für $n = 1, 2, \ldots$; diese sind paarweise orthogonale Projektionen und es ist $\sum_1^\infty P_n = \lim_{m \to \infty} \sum_1^m P_n = \lim_{m \to \infty} \left(F_1 - F_{\frac{1}{m+1}}\right)$

$= F_1 - F_0 = I$. Wenn also $\mathfrak{M}_n$ den zu P_n gehörigen Unterraum bedeutet, dann ist $\mathfrak{R} = \sum_1^\infty \oplus \mathfrak{M}_n$.

---

[1] Da immer $T_1(T_2 + T_3) \supseteq T_1 T_2 + T_1 T_3$, ist $A(I + A^*A) \supseteq A + AA^*A$; beide Seiten haben hier aber den gleichen Definitionsbereich wie AA^*A, folglich sind sie gleich.

Die Funktionen $s_n(\lambda)$ seien folgendermaßen definiert:

$$s_n(\lambda) = \begin{cases} \dfrac{1}{\lambda} & \text{für } \dfrac{1}{n+1} < \lambda \leq \dfrac{1}{n}, \\ 0 \text{ sonst}; \end{cases}$$

es sei $S_n = \int_0^1 s_n(\lambda)\, dF_\lambda$. Offenbar hat man: $BS_n = P_n$.

Aus $B\mathfrak{v}A$ folgt $P_n\mathfrak{v}A$, also wird A von $\mathfrak{M}_n$ reduziert. Wegen $AP_n = ABS_n = CS_n$ ist der in $\mathfrak{M}_n$ liegende Teil A_n von A eine *beschränkte* normale Transformation.

Nach IV. 2 gibt es also eine komplexe Spektralschar $\{K_z^{(n)}\}$ in $\mathfrak{M}_n$, so daß $A_n = \int_G z\,dK_z^{(n)}$. Dann ist $K_z = \prod_{n=1}^{\infty} \times K_z^{(n)}$ offenbar eine komplexe Spektralschar in $\prod_{n=1}^{\infty} \times \mathfrak{M}_n$. Da dieser Produktraum mit $\mathfrak{R}$ identifiziert werden kann, darf man auch schreiben: $K_z = \sum_{n=1}^{\infty} K_z^{(n)} P_n$. Man hat $K_z P_n = P_n K_z = K_z^{(n)}$.

Sei $A' = \int_G z\,dK_z$. Aus $P_n\mathfrak{v}K_z$ folgt $P_n\mathfrak{v}A'$, also wird auch A' von jedem $\mathfrak{M}_n$ reduziert. Sein in $\mathfrak{M}_n$ liegender Teil ist A_n. Denn A' ist für jedes $f \in \mathfrak{M}_n$ definiert, weil

$$\int_G |z|^2 d\|K_z f\|^2 = \int_G |z|^2 d\|K_z P_n f\|^2 = \int_G |z|^2 d\|K_z^{(n)} f\|^2 = \|A_n f\|^2 < \infty,$$

und für beliebige f und $g \in \mathfrak{M}_n$ gilt:

$$(A'f, g) = \int_G z\,d(K_z f, g) = \int_G z\,d(K_z P_n f, g) = \int_G z\,d(K_z^{(n)} f, g) = (A_n f, g).$$

Aus V. 4 (letzter Satz) folgt, daß A' mit A übereinstimmen muß: $A = \int_G z\,dK_z$.

Sei D eine beschränkte selbstadjungierte Transformation, $D\mathfrak{v}A$. Dann ist auch $D\mathfrak{v}(I + A^* A)^{-1} = B$, folglich auch $D\mathfrak{v}BS_n = P_n$. Dies bedeutet, daß D von jedem $\mathfrak{M}_n$ reduziert wird. Ist D_n der in $\mathfrak{M}_n$ liegende Teil von D, so folgt aus $DP_n\mathfrak{v}AP_n$, daß $D_n\mathfrak{v}A_n$. Mit Rücksicht auf $K_z^{(n)}\mathfrak{v}\mathfrak{v}A_n$ (siehe IV. 2) folgt hieraus $D_n\mathfrak{v}K_z^{(n)}$ und somit $D = \prod_n \times D_n\mathfrak{v}\prod_n \times K_z^{(n)} = K_z$. Also gilt: $K_z\mathfrak{v}\mathfrak{v}A$.

Sei nun K_z' eine beliebige Spektralschar, für die $\int_G z\,dK_z' = A$. Da $K_z'\mathfrak{v}A$, wird K_z' von jedem $\mathfrak{M}_n$ reduziert. Ist $K_z'^{(n)}$ der in $\mathfrak{M}_n$ liegende Teil von K_z', so ist $\int_G z\,dK_z'^{(n)}$ offenbar gleich dem in $\mathfrak{M}_n$ liegenden Teil von A. Da aber die Eindeutigkeit der kanonischen Spektraldarstellung für beschränkte normale Transformationen schon feststeht (siehe IV. 2), müssen $K_z'^{(n)}$ und $K_z^{(n)}$ und damit auch K_z' und K_z identisch sein.

Also gilt der folgende Satz[1]:

Zu jeder normalen Transformation A gibt es eine und nur eine komplexe Spektralschar $\{K_z\}$ derart, daß $A = \int_G z\,dK_z$; man hat $K_z \,\mathfrak{v}\mathfrak{v}\, A$.

Ist A sogar selbstadjungiert, so sind die A_n es auch. Ist $A_n = \int_{-\infty}^{\infty} \lambda\,dE_\lambda^{(n)}$ die kanonische Spektraldarstellung von A_n (nach IV. 1), und ist $E_\lambda = \prod_{n=1}^{\infty} \times E_\lambda^{(n)}$, so zeigt man mit ähnlichem Schluß, wie oben, daß $A = \int_{-\infty}^{\infty} \lambda\,dE_\lambda$. Es gilt also der Satz[1]:

Zu jeder selbstadjungierten Transformation A gibt es eine und nur eine (einparametrige) Spektralschar $\{E_\lambda\}$ derart, daß $A = \int_{-\infty}^{\infty} \lambda\,dE_\lambda$; man hat $E_\lambda \,\mathfrak{v}\mathfrak{v}\, A$.

Wenn $K_{x+iy} = \begin{cases} E_x & \text{für } y \geq 0, \\ 0 & \text{für } y < 0, \end{cases}$ dann sieht man leicht, daß

$$\int_G z\,dK_z = \int_{-\infty}^{\infty} \lambda\,dE_\lambda.$$

Hieraus sieht man, in welchem Zusammenhang die zu einer selbstadjungierten Transformation gehörigen Spektralscharen $\{K_z\}$ und $\{E_\lambda\}$ stehen.

Die in der kanonischen Spektraldarstellung von A auftretende Spektralschar $\{K_z\}$ bzw. $\{E_\lambda\}$ werden wir kurz die *Spektralschar von A* nennen.

Wenn die Spektralscharen der normalen Transformationen A_1 und A_2 aus lauter miteinander vertauschbaren Projektionen bestehen, dann nennt man A_1 und A_2 vertauschbar: $A_1 \,\mathfrak{v}\, A_2$. Man bestätigt mühelos, daß im Falle eines beschränkten A_1 diese Definition mit der schon gegebenen übereinstimmt.

2. Anderer Beweis.

Für eine selbstadjungierte Transformation A kann man die kanonische Spektraldarstellung auch folgendermaßen gewinnen.

Sei V_A die CAYLEYsche Transformierte von A (siehe VI. 3). Diese ist unitär, und so läßt sie sich nach IV. 2 in der Form $V_A = \int_0^{2\pi} e^{i\mu}\,dF_\mu$ mit $F_0 = O$, $F_{2\pi} = I$ darstellen.

---

[1] Die Erkenntnis, daß die allgemeinen selbstadjungierten Transformationen es sind, die eine Darstellung $\int \lambda\,dE_\lambda$ zulassen, stammt von E. SCHMIDT, vgl. v. NEUMANN [1] (S. 62). Der erste, von v. NEUMANN [1] gegebene Beweis, wird in VIII. 2 reproduziert. Der von STONE [1] und [*] (Kap. 5) gegebene Beweis wendet eine Methode an, die CARLEMAN [*] in seinen Untersuchungen über nichtbeschränkte Integraloperatoren benutzt hat. Weitere Beweise bei RIESZ [2], KOOPMAN-DOOB [1], RIESZ-LORCH [1], LENGYEL [1]. — Für den Fall allgemeiner normaler Transformationen war der Satz von v. NEUMANN [2], [5] gefunden. Siehe auch STONE [*] (Kap. 8, § 3) sowie TEICHMÜLLER [1] (§ 14), NAKANO [1] und KODAIRA [1]. Der oben angeführte Beweis ist eine Übertragung des ersten von RIESZ-LORCH gegebenen Beweises von selbstadjungierten auf allgemeine normale Transformationen.

$\mathfrak{D}_A$ besteht aus allen Elementen von der Form $g = (I - V_A)h$; für ein solches g ist

$$\|F_\mu g\|^2 = \|F_\mu(I - V_A)h\|^2 = \|(I - V_A)F_\mu h\|^2 = \int_0^{2\pi}|1 - e^{i\lambda}|^2 d\|F_\lambda F_\mu h\|^2$$

$$= \int_0^{\mu+0}|1 - e^{i\lambda}|^2 d\|F_\lambda h\|^2 = \int_0^{\mu+0} 4\sin^2 \frac{\lambda}{2} d\|F_\lambda h\|^2,$$

also

$$(2)\quad \int_0^{2\pi}\cot g^2 \frac{\mu}{2} d\|F_\mu g\|^2 = \int_0^{2\pi}\cot g^2 \frac{\lambda}{2} \cdot 4\sin^2 \frac{\lambda}{2} d\|F_\lambda h\|^2 = \int_0^{2\pi} 4\cos^2 \frac{\lambda}{2} d\|F_\lambda h\|^2.$$

In $\mu = 2\pi$ kann $\|F_\mu g\|$ keinen Sprung haben, da sonst das Integral von $\cot g^2 \frac{\mu}{2}$ nicht konvergieren würde. Da aber die Elemente g in $\mathfrak{R}$ dicht liegen, ist *jede* Funktion $\|F_\mu f\|$ ($f \in \mathfrak{R}$) in $\mu = 2\pi$ stetig. Da sie in $\mu = 0$ auch stetig sind, haben die beiden Unendlichkeitspunkte von $\cot g \frac{\mu}{2}$ das Projektionsmaß O; folglich existiert

$$H = \int_0^{2\pi}\left(-\cot g \frac{\mu}{2}\right) d F_\mu$$

und ist eine selbstadjungierte Transformation.

Aus (2) sieht man, daß H für jedes $g \in \mathfrak{D}_A$ definiert ist. Ferner hat man für $g \in \mathfrak{D}_A$:

$$(Hg, g) = \int_0^{2\pi}\left(-\cot g \frac{\mu}{2}\right) d\|F_\mu g\|^2 = \int_0^{2\pi}\left(-\cot g \frac{\lambda}{2}\right)\cdot 4\sin^2 \frac{\lambda}{2} d\|F_\lambda h\|^2$$

$$= \int_0^{2\pi} i(1 + e^{i\lambda})(1 - e^{-i\lambda}) d\|F_\lambda h\|^2 = (i(I + V_A)(I - V_A^*)h, h)$$

$$= (i(I + V_A)h, (I - V_A)h) = (Ag, g),$$

also $(Hg, g) = (Ag, g)$. Hieraus folgt $Hg = Ag$ für jedes $g \in \mathfrak{D}_A$. Also ist $H \supseteq A$. Da A maximal symmetrisch ist, muß $H = A$ sein.

Also hat man

$$A = \int_0^{2\pi}\left(-\cot g \frac{\mu}{2}\right) d F_\mu = \int_{-\infty}^{\infty} \lambda d E_\lambda,$$

wo $E_\lambda = F_{-2\,\mathrm{arc\,cotg}\,\lambda}$, womit die kanonische Spektraldarstellung von A gewonnen wurde.

3. Halbbeschränkte selbstadjungierte Transformationen. Faktorzerlegung allgemeinerer Transformationen.

Für eine *halbbeschränkte selbstadjungierte* Transformation A kann man den Satz von der Spektraldarstellung noch einfacher beweisen[1]. Hat A etwa eine untere Grenze m, so hat die ebenfalls selbstadjungierte Trans-

---

[1] Vgl. FRIEDRICHS [1] (I. Mitt.).

formation $A_1 = A - (m-1)I$ die untere Grenze 1. Dann existiert aber A_1^{-1} und ist eine überall definierte selbstadjungierte Transformation, für die $O \leq A_1^{-1} \leq I$ gilt. Sei $A_1^{-1} = \int_0^1 \mu \, dF_\mu$; ma n hat $F_0 = O$. Aus

$$\int_0^1 \frac{1}{\mu} \, dF_\mu \cdot \int_0^1 \mu \, dF_\mu = \int_0^1 1 \cdot dF_\mu = I \text{ folgt, daß } \int_0^1 \frac{1}{\mu} \, dF_\mu = A_1.$$

Folglich ist

$$A = \int_0^1 \left(\frac{1}{\mu} + m - 1 \right) dF_\mu = \int_m^\infty \lambda \, dE_\lambda$$

mit $E_\lambda = F_{(\lambda - m + 1)^{-1} - 0}$. Aus diesem Beweis sieht man auch folgendes:

Wenn die selbstadjungierte Transformation A halbbeschränkt mit einer unteren Grenze m (bzw. mit einer oberen Grenze M) ist, dann ist E_λ für $\lambda < m$ gleich O (bzw. für $\lambda \geq M$ gleich I).

Sei A positiv selbstadjungiert, $A = \int_0^\infty \lambda \, dE_\lambda$. $B = \int_0^\infty \lambda^{\frac{1}{2}} \, dE_\lambda$ ist auch positiv selbstadjungiert. Ist $f \in \mathfrak{D}_A$, so ist wegen

$$\int_0^\infty \lambda \, d\|E_\lambda f\|^2 \leq \left\{ \int_0^\infty \lambda^2 \, d\|E_\lambda f\|^2 \cdot \int_0^\infty d\|E_\lambda f\|^2 \right\}^{\frac{1}{2}}$$

auch $f \in \mathfrak{D}_B$, d. h. es gilt $\mathfrak{D}_B \supseteq \mathfrak{D}_A$. Nach VII. 2e) folgt hieraus $A = BB = B^2$. Sei C irgendeine weitere positive selbstadjungierte Transformation, für die $C^2 = A$. Ist $\{G_\mu\}$ die Spektralschar von C, so ist wieder $G_\mu = O$ für $\mu < 0$. $E_\lambda' = \begin{cases} G_{\sqrt{\lambda}} & \text{für } \lambda \geq 0 \\ 0 & \text{für } \lambda < 0 \end{cases}$ ist auch eine Spektralschar, und man hat offenbar $C = \int_0^\infty \sqrt{\lambda} \, dE_\lambda'$. Gleicher Schluß, wie oben, ergibt: $\int_0^\infty \lambda \, dE_\lambda' = C^2 = A$. Wegen der Eindeutigkeit der kanonischen Spektraldarstellung von A ist $\{E_\lambda'\}$ notwendig mit $\{E_\lambda\}$ identisch; folglich ist $B = C$. Als Verallgemeinerung eines Satzes von II. 1 gilt also der Satz:

Zu jeder positiven selbstadjungierten Transformation A gibt es eine und nur eine positive selbstadjungierte Transformation B derart, daß $A = B^2$.

Sei nun T eine lineare, abgeschlossene, dicht definierte Transformation. Nach V. 2 ist $(I + T^*T)^{-1}$ selbstadjungiert. Nach VI. 1 ist dann auch seine Inverse: $I + T^*T$ (die auch dicht definiert ist, vgl. V. 2) selbstadjungiert, und somit ist T^*T es auch (vgl. V. 4). T^*T ist positiv, da $(T^*Tf, f) = (Tf \; Tf) \geq 0$.

Sei A die positive selbstadjungierte Quadratwurzel aus T^*T. Nach V. 2 sind T und A metrisch gleich. Wenn $Af_1 = Af_2$, dann ist, wegen $\|T(f_1 - f_2)\| = \|A(f_1 - f_2)\| = 0$, auch $Tf_1 = Tf_2$. Die Gleichung $V(Af) = Tf$ definiert also eindeutig eine Transformation V, die offenbar linear und isometrisch ist, und für die $\mathfrak{D}_V = \mathfrak{W}_A$. Man hat: $T = VA$. — Sei $T = V'A'$ eine beliebige weitere Faktorzerlegung dieser Art von T, d. h.

A' sei positiv selbstadjungiert und V' sei isometrisch mit $\mathfrak{D}_{V'}=\mathfrak{W}_{A'}$. Dann sind T und A' offenbar metrisch gleich, woraus folgt $(Tf, Tg) = (A'f, A'g)$ für $f, g \in \mathfrak{D}_T = \mathfrak{D}_{A'}$ (man wende die Identität I. 1 (2) an). Hieraus folgt nun $T^*T = (A')^* A' = (A')^2$. Also ist auch A' eine Quadratwurzel von T^*T, folglich muß sie gleich A sein. Dann ist aber notwendig auch $V' = V$. Somit haben wir den folgenden Satz bewiesen[1].

Jede lineare, abgeschlossene, dicht definierte Transformation T kann auf eine und nur eine Weise in der Form $T = VA$ dargestellt werden, wo A eine positive selbstadjungierte Transformation und V eine isometrische Transformation mit $\mathfrak{D}_V = \mathfrak{W}_A$ sind.

Ist T normal, $T = \int_G z \, dK_z$, so kann man T sogar als Produkt UA einer positiven selbstadjungierten Transformation A und einer unitären Transformation U darstellen. Man hat nur $A = \int_G |z| \, dK_z$ und $U = \int_G s(z) \, dK_z$ zu setzen, wo $s(z) = \begin{cases} \dfrac{z}{|z|} & \text{für } z \neq 0 \\ 1 & \text{für } z = 0 \end{cases}$ ist.

IX. Über das Spektrum einer Transformation.

1. Eigenwerte, Eigenelemente.

Sei A eine lineare Transformation. Ist z_0 eine beliebig gegebene komplexe Zahl, so bezeichne man die Gesamtheit der Lösungen f der Gleichung $Af = z_0 f$ mit $\mathfrak{E}_{z_0}$. Diese ist offenbar eine Linearmannigfaltigkeit; ist A abgeschlossen, so ist $\mathfrak{E}_{z_0}$ sogar ein Unterraum. Wenn $\mathfrak{E}_{z_0}$ nicht bloß das Nullelement enthält, dann heißt z_0 ein *Eigenwert* von A; $\mathfrak{E}_{z_0}$ heißt dann der zu z_0 gehörige *Eigenraum*, und die Elemente $f \neq 0$ aus $\mathfrak{E}_{z_0}$ heißen die zu z_0 gehörigen *Eigenelemente* von A, endlich heißt $\mathrm{Dim}\,\mathfrak{E}_{z_0}$ die *Vielfachheit* von z_0.

Sei A normal, $A = \int_G z \, dK_z$. Man setze: $e_{z_0}(z) = \begin{cases} 1 & \text{für } z = z_0, \\ 0 & \text{für } z \neq z_0, \end{cases}$ $\int_G e_{z_0}(z) \, dK_z = K(z_0)$. Man hat

$$\|(A - z_0 I) f\|^2 = \int_G |z - z_0|^2 \, d\|K_z f\|^2,$$

$$\|(I - K(z_0)) f\|^2 = \int_G |1 - e_{z_0}(z)|^2 \, d\|K_z f\|^2.$$

Man sieht leicht, daß die Integrale rechts entweder beide $= 0$ oder beide $\neq 0$ sind, also ist $Af = z_0 f$ dann und nur dann, wenn $f = K(z_0) f$. $K(z_0)$ ist also die Projektion auf $\mathfrak{E}_{z_0}$. Die Eigenwerte z_0 von A sind demnach dadurch charakterisiert, daß für sie $K(z_0) \neq O$. Da für $z_1 \neq z_2$ immer $K(z_1) K(z_2) = O$, sind die zu verschiedenen Eigenwerten

---

[1] Nach v. Neumann [5].

gehörigen Eigenräume von A immer *orthogonal*. Die Eigenwerte von A, d. h. die Unstetigkeitsstellen von $\{K_z\}$, bilden das *diskontinuierliche oder Punktspektrum* von A, das wir mit $Psp(A)$ bezeichnen wollen.

Ist ζ kein Eigenwert von A, so ist der Punkt ζ eine Nullmenge in bezug auf $\{K_z\}$, folglich existiert die normale Transformation

$$R_\zeta = \int\limits_G \frac{1}{z-\zeta}\, dK_z,$$

und, da $R_\zeta(A-\zeta I)f = f$ für $f \in \mathfrak{D}_A$ und $(A-\zeta I)R_\zeta f = f$ für $f \in \mathfrak{D}_{R_\zeta}$, ist $R_\zeta = (A-\zeta I)^{-1}$. R_ζ, als Funktion des Parameters ζ, heißt die *Resolvente* von A. Insbesondere existiert also A^{-1}, wenn 0 kein Eigenwert von A ist, und ist auch normal.

Ist ζ kein Eigenwert von A, so gehört es zur *Resolventenmenge* $Rm(A)$, bzw. zum *kontinuierlichen Spektrum* $Ksp(A)$, je nachdem R_ζ beschränkt ist oder nicht. Man sieht leicht ein, daß ζ dann und nur dann zur $Rm(A)$ gehört, wenn es innerer Punkt eines solchen Bereiches $\delta \subset G$ ist, der in bezug auf $\{K_z\}$ eine Nullmenge ist.

$Psp(A)$ und $Ksp(A)$ bilden zusammen das *Spektrum* von A. Ist A beschränkt, so liegt sein Spektrum innerhalb des Kreises $|z| \leq \|A\|$. Ist z_0 entweder ein Eigenwert unendlicher Vielfachheit oder ein Häufungspunkt der Menge $Psp(A) + Ksp(A)$, so heißt es ein *Häufungspunkt des Spektrums* von A. Diese Punkte sind, wie man leicht sieht, dadurch charakterisiert, daß $K(\delta)\mathfrak{R}$ für jede Umgebung δ von z_0 ein unendlich-dimensionaler Unterraum ist. Ist $\mathfrak{R} = \mathfrak{R}_n$, so kann es also keinen Häufungspunkt des Spektrums geben; dann ist also $Ksp(A)$ leer, und $Psp(A)$ besteht aus endlich vielen Punkten.

Sei $\mathfrak{M} = \sum\limits_{z \in Psp(A)} \oplus\, \mathfrak{E}_z$. Jeder $\mathfrak{E}_z$, und somit auch $\mathfrak{M}$, reduziert A; der in $\mathfrak{M}$ liegende Teil von A sei $A_\mathfrak{M}$, der in $\mathfrak{R} \ominus \mathfrak{M}$ liegende Teil sei $A_\mathfrak{R}$. Ist P die Projektion auf $\mathfrak{M}$ $\left(P = \sum\limits_{z \in Psp(A)} K(z)\right)$, so hat $A_\mathfrak{M}$ die Spektralschar $K_z P = \sum\limits_{\substack{\zeta \in Psp(A) \\ \zeta \leq z}} K(\zeta)$, also den unstetigen Anteil von K_z; $A_\mathfrak{R}$ hat die Spektralschar $K_z(I-P)$, also den stetigen Anteil von K_z. Jede normale Transformation läßt sich also als kartesisches Produkt zweier normaler Transformationen darstellen, deren eine ein reines Punktspektrum, die andere reines kontinuierliches Spektrum besitzt.

Führt man in jedem Eigenraum $\mathfrak{E}_z$ je ein vollständiges orthonormales System (v. o. S.) ein, so erhält man ein v. o. S. in $\mathfrak{M}$, das aus lauter Eigenelementen von A besteht. Ist $\mathfrak{M} \neq \mathfrak{R}$, d. h. ist $Ksp(A)$ nicht leer, so kann man aus Eigenelementen *kein* v. o. S. in $\mathfrak{R}$ bilden. Wohl kann man aber das in $\mathfrak{M}$ v. o. S. von Eigenelementen durch Hinzufügung von „nahezu Eigenelementen" zu einem in $\mathfrak{R}$ v. o. S. ergänzen. Dazu zerlege man G in paarweise fremde Gebiete, etwa Rechtecke, und nehme von diesen diejenigen, deren Durchschnitt mit $Ksp(A)$ nicht leer ist; diese seien Δ_1, Δ_2, ... Sei $\mathfrak{E}_{\Delta_k} = K(\Delta_k)(I - P)\mathfrak{R}$; dies ist ein unendlichdimensionaler Unterraum. In jedem $\mathfrak{E}_{\Delta_k}$ nehme man ein v. o. S. Da $\sum_k \oplus \mathfrak{E}_{\Delta_k} = \mathfrak{R} \ominus \mathfrak{M}$, ergänzen diese Systeme das in $\mathfrak{M}$ v. o. S. der Eigenelemente zu einem in $\mathfrak{R}$ v. o. S. — Ein $f \in \mathfrak{E}_{\Delta_k}$ hat die Eigenschaft

$$\|Af - \zeta f\|^2 = \|(A - \zeta I)K(\Delta_k)(I - P)f\|^2 = \int\limits_{\Delta_k} |z - \zeta|^2 d\|K_z(I - P)f\|^2$$

$$\leq \varrho^2 \int\limits_{\Delta_k} d\|K_z(I - P)f\|^2 = \varrho^2 \|K(\Delta_k)(I - P)f\|^2 = \varrho^2 \|f\|^2,$$

wo ζ einen beliebigen Punkt aus Δ_k und ϱ den maximalen Abstand von ζ von den übrigen Punkten von Δ_k bedeuten; also ist f „nahezu ein Eigenelement" von A.

Man bemerke, daß im Falle $\mathfrak{R} = \mathfrak{H}$ eine normale Transformation offenbar höchstens abzählbar unendlich viele Eigenwerte haben kann, und die einzelnen Eigenwerte können auch höchstens abzählbar unendliche Vielfachheit haben.

Ist A selbstadjungiert, $A = \int\limits_{-\infty}^{\infty} \lambda dE_\lambda$, so sind alle Eigenwerte reell, und zwar sind sie die Unstetigkeitspunkte von E_λ, d. h. die Punkte λ, für die $E(\lambda) = E_\lambda - E_{\lambda-0} \neq O$, und dann ist $\mathfrak{E}_\lambda = E(\lambda)\mathfrak{R}$. Die nichtreellen Zahlen sowie diejenigen reellen Zahlen, die im Inneren eines Konstanzintervalles von E_λ liegen, bilden die $Rm(A)$. Die übrigen Punkte der reellen Achse bilden das $Ksp(A)$.

2. Vollstetige normale Transformationen.

Eine in $\mathfrak{R}$ überall definierte lineare Transformation T heißt *vollstetig*, wenn sie jede schwach-konvergente Elementenfolge in eine konvergente transformiert, d. h. wenn aus $f_n \rightharpoonup f$ folgt $Tf_n \to Tf$. Jede vollstetige Transformation ist auch stetig, also beschränkt[1].

Eine beschränkte normale Transformation A eines unendlichdimensionalen Raumes $\mathfrak{R}$ ist dann und nur dann vollstetig, wenn ihr Spektrum den einzigen Häufungspunkt 0 besitzt[2]. (In $\mathfrak{R}_n$ ist die schwache Kon-

---

[1] RIESZ [*] (S. 96 ff.); die früher von HILBERT [1] (S. 201) gegebene Definition lautet anders, ist aber mit dieser gleichwertig (vgl. RIESZ, a. a. O.).

[2] Vollstetige selbstadjungierte Transformationen sind von besonderem historischen Interesse, da ihre Theorie als Anfangsgrund der allgemeinen Theorie der linearen Transformationen im HILBERTschen Raum anzusehen ist. Eine weite und lange Zeit fast ausschließlich untersuchte Klasse von Integralgleichungen führt ja zu solchen Transformationen, vgl. HELLINGER-TOEPLITZ [*]. Die Spektraldarstellung solcher Transformationen kann freilich auch direkt, ohne Bezugnahme auf die allgemeine Spektraltheorie, gewonnen werden, und zwar durch ein geeignetes Variationsverfahren, wie das schon HILBERT [1] (S. 201 ff.) gezeigt hat. Die Theorie vollstetiger normaler Transformationen hat wichtige Anwendungen auch auf die Theorie der fastperiodischen Funktionen, vgl. WINTNER [*] (Anhang) sowie RELLICH [1], [2].

vergenz mit der gewöhnlichen gleichbedeutend, also ist da jede stetige Transformation auch vollstetig.)

Sei $A = \int_G z\, dK_z$ vollstetig. Man nehme an, sein Spektrum habe einen Häufungspunkt $\zeta \neq 0$. Sei δ der Kreis um ζ mit dem Radius $\frac{1}{2}|\zeta|$. Der Unterraum $K(\delta)\Re$ ist unendlichdimensional, folglich gibt es in ihm ein unendliches orthonormales System. Man wähle davon eine schwach konvergente Folge φ_n aus (nach I. 4 ist das ja möglich). Da für $m \neq n$

$$\|A\varphi_m - A\varphi_n\|^2 = \|AK(\delta)(\varphi_m - \varphi_n)\|^2 = \int_\delta |z|^2 d\|K_z(\varphi_m - \varphi_n)\|^2$$

$$\geq \frac{|\zeta|^2}{2^2}\|K(\delta)(\varphi_m - \varphi_n)\|^2 = \frac{|\zeta|^2}{2^2}\|\varphi_m - \varphi_n\|^2 = \frac{|\zeta|^2}{2},$$

kann $A\varphi_n$ nicht konvergieren, was aber der Vollstetigkeit widerspricht.

Umgekehrt, sei A eine beschränkte normale Transformation, deren Spektrum den einzigen Häufungspunkt 0 besitzt. Seien z_1, z_2, $\ldots$ die Eigenwerte von A, sei etwa $|z_1| \geq |z_2| \geq \cdots$; dann ist $K_z = \sum_{z_k \leq z} K(z_k)$. Sei f_n eine beliebige schwach konvergente Folge, $f_n \to f$. . Nach I. 4 ist f_n beschränkt, etwa $\|f_n\| \leq C$, dann ist auch $\|f\| \leq C$. $K(z_k)f_n$ strebt offenbar ebenfalls schwach gegen $K(z_k)f$, da es aber eine Folge aus dem endlichdimensionalen Unterraum $\mathfrak{E}_{z_k} = K(z_k)\Re$ ist, strebt es auch in gewöhnlichem Sinne gegen $K(z_k)f$. Man hat

$$\|A(f_n - f)\|^2 = \int_G |z|^2\, d\|K_z(f_n - f)\|^2 = \sum_{k=1}^\infty |z_k|^2\|K(z_k)(f_n - f)\|^2 = \sum_{k=1}^{r-1} + \sum_{k=r}^\infty.$$

Ist $\varepsilon > 0$ vorgegeben, so wähle man r derart, daß $(|z_r|\,2C)^2 < \frac{\varepsilon}{2}$; dann ist $\sum_{k=r}^\infty \leq |z_r|^2 \sum_{k=r}^\infty \|K(z_k)(f_n - f)\|^2 \leq |z_r|^2\|f_n - f\|^2 < \frac{\varepsilon}{2}$. Für genügend großes n und für $k = 1, 2, \ldots, r-1$ hat man: $\|K(z_k)(f_n - f)\|^2 < \frac{\varepsilon}{2(r-1)|z_1|^2}$, also $\sum_{k=1}^{r-1} \leq \sum_{k=1}^{r-1} |z_1|^2\|K(z_k)(f_n - f)\|^2 < \frac{\varepsilon}{2}$, folglich $\|A(f_n - f)\|^2 < \varepsilon$. Also $Af_n \to Af$; A ist vollstetig.

3. Verhalten der Spektralschar beim Grenzübergang. Störungstheorie.

Seien A, A_1, A_2, $\ldots$, selbstadjungierte Transformationen mit den Spektralscharen $\{E_\lambda\}$, $\{E_\lambda^{(1)}\}$, $\{E_\lambda^{(2)}\}$, $\ldots$. Sei A gleich $\lim A_n$, oder mindestens gleich der Abschließung von $\lim A_n$. Ist λ kein Eigenwert von A, so hat man: $E_\lambda^{(n)} \to E_\lambda$.[1]

Ohne Beschränkung der Allgemeinheit darf man annehmen, daß $\lambda = 0$. Bedeute P_n die Projektion von $\Re^2$ auf $\mathfrak{B}_{A_n}$ (vgl. V. 1), P diejenige auf $\mathfrak{B}_A$. Es wird behauptet, daß $\mathsf{P}_n \to \mathsf{P}$.

Sei $\varphi \in \mathfrak{B}_{\lim A_k}$, etwa $\varphi = \{f, (\lim A_k)f\} = \{f, Af\}$. Man setze $\varphi_n = \{f, A_n f\}$; da $\varphi_n \in \mathfrak{B}_{A_n}$, ist $\mathsf{P}_n\varphi_n = \varphi_n$. Sei $\varepsilon > 0$; für $n \geq n_0(\varepsilon)$ ist $\|\varphi - \varphi_n\|$

---

[1] Rellich [3] (II. Mitt.); wir geben einen teilweise neuen Beweis.

$= \|\{0, Af - A_n f\}\| \leq \dfrac{\varepsilon}{2}$, also auch $\|P_n(\varphi - \varphi_n)\| \leq \dfrac{\varepsilon}{2}$, d. h. $\|P_n\varphi - \varphi_n\| \leq \dfrac{\varepsilon}{2}$.

Folglich ist $\|\varphi - P_n\varphi\| \leq \|\varphi - \varphi_n\| + \|\varphi_n - P_n\varphi\| \leq \varepsilon$. Also $P_n\varphi \to \varphi$. Da $\mathfrak{B}_{\lim A_k}$ dicht in $\mathfrak{B}_A$ ist, bleibt dies sogar für *jedes* φ *aus* $\mathfrak{B}_A$ gültig, d. h. man hat: $P_n P \to P$. — Nun sei $\psi \in \mathsf{V}\mathfrak{B}_{\lim A_k}$, etwa

$$\psi = \mathsf{V}\{g, (\lim A_k)g\} = \mathsf{V}\{g, Ag\}.$$

Man setze $\psi_n = \mathsf{V}\{g, A_n g\}$; da $\psi_n \in \mathsf{V}\mathfrak{B}_{A_n} = \mathfrak{R}^2 \ominus \mathfrak{B}_{A_n}$, ist $P_n\psi_n = 0$. Für $n \geq n_0'(\varepsilon)$ ist $\|\psi - \psi_n\| \leq \varepsilon$. also auch $\|P_n\psi\| = \|P_n(\psi - \psi_n)\| \leq \varepsilon$. Also hat man: $P_n\psi \to 0$. Da $\mathsf{V}\mathfrak{B}_{\lim A_k}$ dicht in $\mathsf{V}\mathfrak{B}_A$, d. h. in $\mathfrak{R}^2 \ominus \mathfrak{B}_A$ ist, bleibt dies sogar für *jedes* $\psi \in \mathfrak{R}^2 \ominus \mathfrak{B}_A$ gültig, d. h. man hat: $P_n(I - P) \to 0$. — Also endlich: $P_n = P_n P + P_n(I - P) \to P + 0 = P$.

Sind B und C die im Sinne von V. 2 zu A gehörigen Transformationen, B_n und C_n die zu A_n gehörigen, so folgt aus $P_n \to P$, daß $B_n \to B$ und $C_n \to C$.[1]

Da $B = (A^2 + I)^{-1}$ und $C = AB = A(A^2 + I)^{-1}$, ist $C = \displaystyle\int_{-\infty}^{\infty} \dfrac{\mu}{\mu^2 + 1}\, dE_\mu$, und ebenso ist $C_n = \displaystyle\int_{-\infty}^{\infty} \dfrac{\mu}{\mu^2 + 1}\, dE_\mu^{(n)}$. (Da $\left|\dfrac{\mu}{\mu^2 + 1}\right| \leq \dfrac{1}{2}$, ist $\|C\| \leq \frac{1}{2}$ und $\|C_n\| \leq \frac{1}{2}$.)

Aus $C_n \to C$ folgt für jedes Polynom $p(\mu)$: $p(C_n) \to p(C)$. Durch Anwendung des WEIERSTRASSschen Approximationssatzes folgt hieraus, daß $F(C_n) \to F(C)$ sogar für jede auf $[-\frac{1}{2}, \frac{1}{2}]$ stetige Funktion $F(\mu)$.

Sei insbesondere $F(\mu) = e_0(\mu) \cdot \mu$, wo $e_0(\mu) = \begin{cases} 1 & \text{für } \mu \leq 0, \\ 0 & \text{für } \mu > 0. \end{cases}$ Da $e_0(C_n)$ offenbar gleich $E_0^{(n)}$ und $e_0(C)$ gleich E_0 sind, ist $F(C_n) = E_0^{(n)} C_n$ und $F(C) = E_0 C$, also erhält man: $E_0^{(n)} C_n \to E_0 C$. Wegen $\|(E_0^{(n)} C - E_0 C)f\| \leq \|E_0^{(n)}(C - C_n)f\| + \|(E_0^{(n)} C_n - E_0 C)f\| \leq \|(C - C_n)f\| + \|(E_0^{(n)} C_n - E_0 C)f\|$ folgt hieraus, daß $E_0^{(n)} C \to E_0 C$. Nun ist 0 kein Eigenwert von C, da es sonst auch ein Eigenwert von A wäre. Folglich existiert C^{-1} und ist selbstadjungiert. Für $f \in \mathfrak{D}_{C^{-1}}$ hat man $E_0^{(n)} f = E_0^{(n)} C C^{-1} f \to E_0 C C^{-1} f = E_0 f$. Da $\mathfrak{D}_{C^{-1}}$ in $\mathfrak{R}$ dicht ist, folgt hieraus $E_0^{(n)} \to E$, w. z. b. w.

Außer den Voraussetzungen des vorigen Satzes sei noch folgendes vorausgesetzt: Ist $\eta > 0$ beliebig gegeben, so soll $\|Af - A_n f\| \leq \eta(\|f\|^2 + \|Af\|^2)^{\frac{1}{2}}$ für jedes genügend große n und für alle f aus $\mathfrak{D}_{\lim A_k}$ gelten. (Dies ist z. B. der Fall, wenn A beschränkt und gleichmäßiger Limes der Folge A_n ist.) Ist λ ein Punkt der Resolventenmenge von A, so hat man $E_\lambda^{(n)} \overset{\to}{\to} E_\lambda$.[2] (Siehe Nachtrag 1 auf S. 81.)

Wieder darf man ohne Beschränkung der Allgemeinheit annehmen, daß $\lambda = 0$. P und P_n seien wie oben. Es wird behauptet, daß $P_n \overset{\to}{\to} P$.

Sei $\varphi \in \mathfrak{B}_{\lim A_k}$, etwa $\varphi = \{f, (\lim A_k)f\} = \{f, Af\}$. Sei $\varphi_n = \{f, A_n f\}$.

Für $n \geq n_0(\varepsilon)$ ist dann $\|\varphi - \varphi_n\| = \|Af - A_n f\| \leq \dfrac{\varepsilon}{2}(\|f\|^2 + \|Af\|^2)^{\frac{1}{2}} = \dfrac{\varepsilon}{2}\|\varphi\|$,

---

[1] Es ist ja $P_n\{h, 0\} = \{B_n h, A_n B_n h\}$ und $P\{h, 0\} = \{Bh, ABh\}$, $(I - P_n)\{h, 0\} = \{A_n C_n h, -C_n h\}$ und $(I - P)\{h, 0\} = \{A C h, -C h\}$.

[2] RELLICH [3] (II. Mitt.).

also auch $\|P_n\varphi - \varphi_n\| = \|P_n(\varphi - \varphi_n)\| \leqq \frac{\varepsilon}{2}\|\varphi\|$, folglich $\|P_n\varphi - \varphi\| \leqq \varepsilon\|\varphi\|$.
Da $\mathfrak{B}_{\lim A_k}$ dicht in $\mathfrak{B}_A$ ist, gilt dies sogar für *jedes φ aus $\mathfrak{B}_A$*. Also hat man
für jedes beliebige $\chi \in \mathfrak{R}^2$ und für $n \geqq n_0(\varepsilon)$: $\|P_n P\chi - P\chi\| \leqq \varepsilon\|P\chi\| \leqq \varepsilon\|\chi\|$,
d. h. $P_n P \rightrightarrows P$. — Durch einen ähnlichen Schluß folgt, daß $P_n(I - P) \rightrightarrows 0$.
Also wirklich: $P_n = P_n P + P_n(I - P) \rightrightarrows P + 0 = P$.

Hieraus folgt nun leicht, daß $C_n \rightrightarrows C$. Dann hat man aber auch
für jedes Polynom $p(\mu)$: $p(C_n) \rightrightarrows p(C)$, und, mit der Benützung des
WEIERSTRASSschen Approximationssatzes, sogar für jede auf $[-\frac{1}{2}, \frac{1}{2}]$
stetige Funktion $F(\mu)$: $F(C_n) \rightrightarrows F(C)$. Es folgt hieraus, wie oben, daß
$E_0^{(n)} C \rightrightarrows E_0 C$. Nun sieht man leicht, daß 0 auch in der Resolventenmenge von C liegt; folglich ist C^{-1} beschränkt und man hat:

w. z. b. w. $\qquad\qquad E_0^{(n)} = E_0^{(n)} C\, C^{-1} \rightrightarrows E_0 C\, C^{-1} = E_0,$

*Seien alle Voraussetzungen des vorigen Satzes erfüllt. Sei λ ein h-facher
isolierter Eigenwert von A, d. h. das Spektrum von A sei im μ-Intervall
$\lambda - d_1 < \mu < \lambda + d_2$ $(d_1 > 0, d_2 > 0)$, abgesehen von $\mu = \lambda$, leer. Dann
gilt: Sind d_1', d_2' positive Zahlen mit $d_1' < d_1$, $d_2' < d_2$, so gibt es ein n_0 derart, daß für $n > n_0$ das Spektrum von A_n im Intervall $\lambda - d_1' \leqq \mu \leqq \lambda + d_2'$
aus (mit Vielfachheiten) h Punkten $\lambda_1^{(n)}$, $\lambda_2^{(n)}$, ..., $\lambda_h^{(n)}$ besteht, die für $n \to \infty$
alle gegen λ streben*[1].

Hilfssatz: Wenn P bzw. Q die Projektion auf den Unterraum $\mathfrak{M}$
bzw. $\mathfrak{N}$ bedeutet, und $\|P - Q\| < 1$ ist, dann ist $\mathrm{Dim}\,\mathfrak{M} = \mathrm{Dim}\,\mathfrak{N}$.
Beweis: Es gilt: $Q\mathfrak{M} = \mathfrak{N}$. Denn wäre $Q\mathfrak{M} \subset \mathfrak{N}$, so gäbe es ein $f \in \mathfrak{N}$, $f \neq 0$,
das zu $Q\mathfrak{M}$ orthogonal stünde. Dann wäre $(f, g) = (Qf, g) = (f, Qg) = 0$
für jedes $g \in \mathfrak{M}$, d. h. f wäre orthogonal zu $\mathfrak{M}$. Also wäre $Qf = f$ und
$Pf = 0$, und folglich $\|f\| = \|(P - Q)f\| < \|f\|$, was aber unmöglich ist.
Ist nun $\mathfrak{S}$ irgendeine Grundmenge in $\mathfrak{M}$, so ist $Q\mathfrak{S}$ eine Grundmenge
in $\mathfrak{N}$, folglich ist $\mathrm{Dim}\,\mathfrak{N} \leqq \mathrm{Dim}\,\mathfrak{M}$. — Ebenso folgt, daß $\mathrm{Dim}\,\mathfrak{M} \leqq \mathrm{Dim}\,\mathfrak{N}$;
also ist $\mathrm{Dim}\,\mathfrak{N} = \mathrm{Dim}\,\mathfrak{M}$.

Aus dem vorigen Satz folgt nun, daß $E^{(n)}(\lambda - d_1', \lambda + d_2') = E_{\lambda + d_2'}^{(n)} - E_{\lambda - d_1'}^{(n)}$
$\rightrightarrows E_{\lambda + d_2'} - E_{\lambda - d_1'} = E(\lambda - d_1', \lambda + d_2') = E(\lambda)$. Da der Eigenraum
$\mathfrak{E}_\lambda = E(\lambda)\mathfrak{R}$ die Dimension h hat, ist $E^{(n)}(\lambda - d_1', \lambda + d_2')\mathfrak{R}$ für genügend
großes n (nach dem Hilfssatz) auch von der Dimension h, also muß
A_n im Intervall $(\lambda - d_1', \lambda + d_2')$ (mit Vielfachheiten) genau h Eigenwerte
haben, die für $n \to \infty$ alle gegen λ streben. (Siehe noch Nachtrag 2 auf S. 81.)

Alle diese Sätze gelten natürlich auch dann, wenn man statt einer
Folge A_n eine ein- oder mehrparametrige Schar $A(\varepsilon)$ setzt. Hängt
diese sogar in gewissem Sinne regulär-analytisch von ε ab, so gilt der
folgende Satz, den wir ohne Beweis mitteilen[2].

*Seien A_0, A_1, ... beschränkte selbstadjungierte Transformationen, für
die die Zahlenfolge $\sqrt[n]{\|A_n\|}$ beschränkt ist. In einer Umgebung von $\varepsilon = 0$
existiert dann $A(\varepsilon) = A_0 + \varepsilon A_1 + \varepsilon^2 A_2 + \cdots$ und ist ebenfalls selbst-*

---

[1] RELLICH [3] (II. Mitt.); der Hilfssatz ist neu.
[2] RELLICH [3] (I. Mitt.).

adjungiert. Sei λ ein h-facher isolierter Eigenwert von A_0, d. h. das Spektrum von A_0 sei in einem Intervall $(\lambda - d_1, \lambda + d_2)$, abgesehen vom Punkte λ, leer. Seien d_1', d_2' positive Zahlen mit $d_1' < d_1$, $d_2' < d_2$. Dann gibt es in einer Umgebung von $\varepsilon = 0$ reguläre reellwertige Funktionen $\lambda_1(\varepsilon), \ldots, \lambda_h(\varepsilon)$ mit $\lambda_1(0) = \lambda_2(0) = \cdots = \lambda_h(0) = \lambda$, so daß das Spektrum von $A(\varepsilon)$ in $(\lambda - d_1', \lambda + d_2')$ (mit Vielfachheiten gerechnet) genau aus den Punkten $\lambda_1(\varepsilon), \ldots, \lambda_h(\varepsilon)$ besteht. Ein orthonormales System von zugehörigen Eigenelementen $\varphi_1(\varepsilon), \ldots, \varphi_h(\varepsilon)$ läßt sich derart bestimmen, daß jedes $\varphi_i(\varepsilon)$ regulär von ε abhängt, d. h. durch eine Potenzreihe $\varphi_i^{(0)} + \varepsilon \varphi_i^{(1)} + \cdots$ dargestellt wird. — Die Voraussetzung, daß λ eine endliche Vielfachheit besitzt, ist wesentlich. Für mehrparametrige reguläre Scharen $A(\varepsilon_1, \varepsilon_2, \ldots, \varepsilon_r)$ gilt ein entsprechender Satz im allgemeinen nicht, wohl aber dann, wenn λ einfach ist $(h = 1)$.

Dieser Satz läßt sich auch auf den Fall nichtbeschränkter Transformationen ausdehnen[1].

In diesem Zusammenhang sei noch der folgende Satz erwähnt.

Ist A eine selbstadjungierte Transformation in einem separablen Raum, so gibt es eine vollstetige selbstadjungierte Transformation B derart, daß $A + B$ ein reines Punktspektrum hat. Man kann B sogar so wählen, daß die Quadratsumme ihrer (mit Vielfachheiten genommenen) Eigenwerte beliebig klein ausfällt[2].

4. Unitäre Äquivalenz.

Sei A normal und U unitär. $A' = U^* A U$ ist dann wieder normal, denn $(A')^* = U^* A^* U$ und $\|(A')^* f\| = \|U^* A^* U f\| = \|A^* U f\| = \|A U f\| = \|U^* A U f\| = \|A' f\|$; A und A' heißen unitär-äquivalent. *Ist $\{K_z\}$ die Spektralschar von A, so ist $\{U^* K_z U\}$ diejenige von A'.* Daß $K_z' = U^* K_z U$ wirklich eine Spektralschar bildet, sieht man leicht. Sei $A_1 = \int_G z \, dK_z'$.

Ist $f \in \mathfrak{D}_{A'}$, d. h. ist $U f \in \mathfrak{D}_A$, so hat man $\|K_z' f\| = \|K_z U f\|$ und, für jedes g, $(K_z' f, g) = (K_z U f, U g)$. Man hat also $\int_G |z|^2 d\|K_z' f\|^2 = \int_G |z|^2 d\|K_z U f\|^2 = \|A U f\|^2$, d. h. $f \in \mathfrak{D}_{A_1}$; wegen $\int_G z \, d(K_z' f, g) = \int_G z \, d(K_z U f, U g) = (A U f, U g)$ hat man $(A_1 f, g) = (A U f, U g) = (U^* A U f, g)$. Hieraus folgt, daß $A_1 \supseteq U^* A U = A'$. Da beide normal sind, folgt: $A_1 = A'$, w. z. b. w.

A und A' müssen also das gleiche Punkt- und kontinuierliche Spektrum haben, und die Eigenwerte müssen auch in ihren Vielfachheiten

<hr>

[1] Rellich [3] (III. und IV. Mitt.). Die Koeffizienten der Potenzreihen von $\lambda(\varepsilon)$ und $\varphi(\varepsilon)$ lassen sich durch Rekursionsformeln berechnen (formale Störungsrechnung, entwickelt insbesondere von Lord Rayleigh und E. Schrödinger). In [3] (IV. Mitt.) gibt Rellich diesen Rechnungen eine strenge Begründung, indem er die Konvergenzradii ermittelt und Fehlerabschätzungen für die Störungsrechnung n-ter Näherung angibt.

[2] Für den Fall beschränkter Transformationen bei Weyl [1]. Übertragung auf den nichtbeschränkten Fall und Vereinfachung des Beweises bei v. Neumann [9].

übereinstimmen ($\mathfrak{E}'_z$ ist ja gleich $U^*\mathfrak{E}_z$, hat also gewiß die gleiche Dimension wie $\mathfrak{E}_z$).

Die Eigenwerte nebst ihren Vielfachheiten sowie das kontinuierliche Spektrum sind also *unitäre Invarianten*. Ist das kontinuierliche Spektrum leer, so ist dieses Invariantensystem sogar *vollständig* in dem folgenden Sinne: Haben die normalen A_1 und A_2 reines Punktspektrum und stimmen ihre Eigenwerte nebst ihren Vielfachheiten überein, so sind A_1 und A_2 unitäräquivalent, d. h. es gibt eine unitäre Transformation U derart, daß $A_1 = U^* A_2 U$. — Im Falle eines nichtleeren kontinuierlichen Spektrums muß man auch den Punkten des kontinuierlichen Spektrums gewisse Vielfachheiten zuschreiben, um ein vollständiges System von Unitärinvarianten angeben zu können[1].

In diesem Zusammenhang sei das folgende Ergebnis zitiert:

In $L^2(0, 1)$ nenne man eine Transformation $A f(x) = g(x)$ eine *Integraltransformation*, wenn es eine „Kernfunktion" $a(x, y)$ mit (zumindest mit der Ausnahme einer x-Menge vom Maße 0 überall) endlichem $\int_0^1 |a(x, y)|^2 dy$ derart gibt, daß $g(x) = \int_0^1 a(x, y) f(y) dy$ für jedes $f(x) \in \mathfrak{D}_A$ (und für jedes x mit der evtl. Ausnahme einer Nullmenge) gilt. *Eine selbstadjungierte Transformation in $L^2(0, 1)$ ist dann und nur dann mit einer Integraltransformation unitäräquivalent, wenn 0 ein Häufungspunkt ihres Spektrums ist*[2].

X. Funktionen selbstadjungierter oder normaler Transformationen.

1. Begriff der Funktion einer oder mehrerer Transformationen.

Da die einparametrigen Spektralscharen $\{E_\lambda\}$ eineindeutig den selbstadjungierten Transformationen entsprechen, kann man das Integral $\int_{-\infty}^{\infty} F(\lambda) d E_\lambda$ auch mit $F(A)$ bezeichnen, wo A diejenige selbstadjungierte Transformation bedeutet, deren Spektralschar $\{E_\lambda\}$ ist. Diese

---

[1] Die Theorie der Unitärinvarianten beschränkter selbstadjungierter Transformationen wurde von HELLINGER [1] aufgestellt, von HAHN [1] ergänzt und von STONE [*] (Kap. 8, § 2) auf nichtbeschränkte Transformationen ausgedehnt. Ein vollständiges Invariantensystem, das nur aus „Vielfachheiten" besteht, wurde zuerst von FRIEDRICHS [5] angegeben. Alle diese Theorien passen aber nur auf den Fall separabler Räume. Die entsprechende Theorie für den Fall nichtseparabler Räume wurde von WECKEN [2] und NAKANO [5], [7] aufgebaut (letzter Verf. behandelt sogar normale Transformationen). — Siehe auch MAEDA [3].

[2] v. NEUMANN [9].

Schreibweise wird auch dadurch gerechtfertigt, daß für jedes Polynom $P(\lambda) = a_0 + a_1\lambda + \cdots + a_n\lambda^n$ gilt

$$\int_{-\infty}^{\infty} P(\lambda)\, dE_\lambda = a_0 I + a_1 A + \cdots + a_n A^n = P(A).$$

$F(A)$ heißt die Funktion F von A.[1] Aus $F(A)\,\mathfrak{vv}\,\{E_\lambda\}$, $E_\lambda\,\mathfrak{vv}\,A$ folgt $F(A)\,\mathfrak{vv}\,A$.

Ein System paarweise miteinander und mit den Adjungierten voneinander vertauschbarer normaler Transformationen soll ein ABELsches System heißen (dabei wird die Vertauschbarkeit in dem am Ende von VIII. 1 gegebenen verallgemeinerten Sinne gemeint).

Sei A_1, A_2, ..., A_n ein ABELsches System von selbstadjungierten Transformationen; $A_k = \int_{-\infty}^{\infty} \lambda\, dE_\lambda^{(k)}$ $(k = 1, 2, \ldots, n)$. Dann ist

$$E_{\lambda_1, \lambda_2, \ldots, \lambda_n} = E_{\lambda_1}^{(1)} \cdot E_{\lambda_2}^{(2)} \ldots E_{\lambda_n}^{(n)}$$

eine n-parametrige Spektralschar, und man hat

$$A_k = \int_{R_n} \lambda_k\, dE_{\lambda_1, \lambda_2, \ldots, \lambda_n} \qquad (k = 1, 2, \ldots, n).$$

Ist nun $F(\lambda_1, \lambda_2, \ldots, \lambda_n)$ eine in bezug auf $\{E_{\lambda_1, \lambda_2, \ldots, \lambda_n}\}$ fast überall definierte und meßbare Funktion (kurz auch $\{A_1, A_2, \ldots, A_n\}$-meßbar genannt), so bezeichnen wir $\int_{R_n} F(\lambda_1, \lambda_2, \ldots, \lambda_n)\, dE_{\lambda_1, \lambda_2, \ldots, \lambda_n}$ auch mit $F(A_1, A_2, \ldots, A_n)$ und nennen es die Funktion F von $\{A_1, A_2, \ldots, A_n\}$. Offenbar gilt: $F(A_1, A_2, \ldots, A_n)\,\mathfrak{vv}\,\{A_1, A_2, \ldots, A_n\}$.

Sind $F^{(i)}(\lambda_1, \ldots, \lambda_n)$ $(i = 1, 2, \ldots, m)$ $\{A_1, A_2, \ldots, A_n\}$-meßbare reellwertige Funktionen, so bilden die Transformationen

$$B^{(i)} = F^{(i)}(A_1, A_2, \ldots, A_n)$$

wieder ein ABELsches System von selbstadjungierten Transformationen. *Ist $G(\mu^{(1)}, \ldots, \mu^{(m)})$ eine $\{B^{(1)}, B^{(2)}, \ldots, B^{(m)}\}$-meßbare Funktion, so ist $H(\lambda_1, \ldots, \lambda_n) = G(F^{(1)}(\lambda_1, \ldots, \lambda_n), \ldots, F^{(m)}(\lambda_1, \ldots, \lambda_n))$ $\{A_1, \ldots, A_n\}$-meßbar, und es gilt $G(B^{(1)}, \ldots, B^{(m)}) = H(A_1, \ldots, A_n)$.*

Es genügt, die Behauptung im speziellen Falle $n = m = 1$ zu beweisen, da der allgemeine Fall ganz analog erledigt werden kann. Ist also $B = \int_{-\infty}^{\infty} F(\lambda)\, dE_\lambda$, so ist die Spektralschar von B gleich $\{e_\mu(A)\}$, wo

$$e_\mu(\lambda) = \begin{cases} 1, & \text{wenn } F(\lambda) \leqq \mu, \\ 0 & \text{sonst.} \end{cases}$$

Ist $G(\mu)$ in bezug auf jede Funktion

$$\|e_\mu(A)f\|^2 = \int_{-\infty}^{\infty} e_\mu^2(\lambda)\, d\|E_\lambda f\|^2 = \int_{F(\lambda)\leqq\mu} d\|E_\lambda f\|^2 \quad (f \in \mathfrak{D}_{G(B)}) \text{ fast überall definiert und}$$

---

[1] Durch Grenzübergänge von Polynomen her definierte als erster F. RIESZ allgemeinere Funktionen von Transformationen, vgl. RIESZ [*] (Kap. 5); und [2].

meßbar, so folgt aus der Theorie des gewöhnlichen Lebesgue-Stieltjesschen Integrals, daß $G(F(\lambda))$ in bezug auf jede Funktion $\|E_\lambda f\|^2$ fast überall definiert und meßbar ist, und daß

$$\int_{-\infty}^{\infty}|G(F(\lambda))|^2 d\|E_\lambda f\|^2 = \int_{-\infty}^{\infty}|G(\mu)|^2 d\|e_\mu(A)f\|^2 = \|G(B)f\|^2$$

gilt; also ist $H(A)$ für f definiert, folglich $\mathfrak{D}_{G(B)} \subseteq \mathfrak{D}_{H(A)}$. Ebenso folgt, daß

$$\int_{-\infty}^{\infty}G(F(\lambda))d\|E_\lambda f\|^2 = \int_{-\infty}^{\infty}G(\mu)d\|e_\mu(A)f\|^2,$$

d. h. $(H(A)f,\, f) = (G(B)f,\, f)$ für jedes $f \in \mathfrak{D}_{G(B)}$. Hieraus folgt $H(A)f = G(B)f$ für jedes $f \in \mathfrak{D}_{G(B)}$, d. h. $G(B) \subseteq H(A)$. Da aber eine normale Transformation keine echte normale Fortsetzung haben kann, ist $G(B) = H(A)$.

Man kann auch Funktionen eines unendlichen Abelschen Systems selbstadjungierter Transformationen $A_k = \int_{-\infty}^{\infty}\lambda dE_\lambda^{(k)}$ $(k = 1, 2, \ldots)$ definieren[1]. Mit R_∞ soll die Gesamtheit aller reellen Zahlenfolgen $\{\lambda_1, \lambda_2, \ldots\}$ bezeichnet werden. Unter einem Intervall J in R_∞ soll die Menge derjenigen Folgen verstanden werden, für die $\lambda_1 \in J_1$, $\lambda_2 \in J_2$, $\ldots$, wo die J_k beliebige offene Intervalle der (mit der Identifizierung von ∞ und $-\infty$ abgeschlossenen) Zahlengeraden sind, die aber für höchstens endlich viele Indizes von der ganzen Zahlengeraden verschieden sind. Mit solchen Intervallen, als definierendes Umgebungssystem, wird R_∞ bekanntlich ein bikompakter Hausdorffscher Raum. — Ist $f \in \mathfrak{R}$, so ordne man dem Intervall $J \subset \mathsf{R}_\infty$ das Maß $m_f(J) = \|[E^{(1)}(J_1)E^{(2)}(J_2)\ldots]f\|^2$ zu; $m_f(J)$ läßt sich dann zu einer totaladditiven nichtnegativen Mengenfunktion $m_f(M)$ erweitern, die insbesondere für jede Borelsche Menge M in R_∞ definiert ist. Ist nun $F(\lambda_1, \lambda_2 \ldots)$ eine solche Funktion auf R_∞, die in bezug auf jedes Maß $m_f(M)$ $(f \in \mathfrak{R})$ fast überall definiert und meßbar ist, so definiert man $T = F(A_1, A_2, \ldots)$ folgendermaßen. $\mathfrak{D}_T$ besteht aus allen $f \in \mathfrak{R}$, für die $\int_{\mathsf{R}_\infty}|F(\lambda_1, \lambda_2, \ldots)|^2 dm_f(M)$ endlich ist

(diese bilden eine in $\mathfrak{R}$ dichte Linearmannigfaltigkeit), und für $f \in \mathfrak{D}_T$ ist $(Tf,\, f) = \int_{\mathsf{R}_\infty}F(\lambda_1, \lambda_2, \ldots)dm_f(M)$.

Mit ähnlichem Verfahren kann man sogar Funktionen eines nichtabzählbaren, aber wohlgeordneten Abelschen Systems selbstadjungierter Transformationen definieren.

Auch kann man auf ganz analoge Weise Funktionen einer normalen Transformation oder eines Abelschen Systems von normalen Transformationen definieren. Der Satz über zusammengesetzte Funktionen bleibt ebenfalls gültig.

---

[1] Vgl. v. Sz. Nagy [2] (S. 221), Mizoguti [1], Nakano [3].

2. Bedingungen dafür, daß eine Transformation Funktion gegebener Transformationen sei.

Zunächst ein Hilfssatz:

Ist T eine beliebige und A eine selbstadjungierte Transformation, und ist $T \mathfrak{v}\mathfrak{v} A$, so gibt es zu jedem $f_0 \in \mathfrak{D}_T$ eine A-meßbare, sogar BAIRE*sche Funktion $F(\lambda)$ derart, daß $F(A)f_0$ definiert und gleich Tf_0 ist. Der Satz gilt auch dann, wenn A durch ein beliebiges* ABEL*sches System selbstadjungierter oder normaler Transformationen ersetzt wird.*

Wir betrachten der Einfachheit halber nur den Fall eines einzigen selbstadjungierten A, die allgemeine Behauptung läßt sich analog erledigen. Wir dürfen ferner annehmen, daß A beschränkt ist. Denn ist A nicht beschränkt, so betrachte man $A' = \operatorname{arctg} A$; man hat $\|A'\| \leq \dfrac{\pi}{2}$ und wegen $A = \operatorname{tg} A' \mathfrak{v}\mathfrak{v} A'$ ist auch $T \mathfrak{v}\mathfrak{v} A'$. Gilt der Satz für das beschränkte A', so ist $Tf_0 = F(A')f_0$, woraus $Tf_0 = F_1(A)f_0$ mit $F_1(\lambda) = F(\operatorname{arc\,tg}\lambda)$ folgt.

Sei also A beschränkt: $A = \int\limits_{m}^{M} \lambda\, dE_\lambda$. Der durch die Elemente $A^n f_0$ $(n = 0, 1, 2, \ldots)$ aufgespannte Unterraum $\mathfrak{M}(f_0)$ wird von A offenbar in sich transformiert. Also reduziert $\mathfrak{M}(f_0)$ A; ist L die Projektion auf $\mathfrak{M}(f_0)$, so hat man: $L \mathfrak{v} A$. Dann ist aber, nach der Voraussetzung des Satzes, auch $L \mathfrak{v} T$, woraus insbesondere folgt, daß $Tf_0 = TLf_0 = LTf_0 \in \mathfrak{M}(f_0)$. Folglich gibt es eine Polynomfolge $P_n(\lambda)$ derart, daß $P_n(A)f_0 \to Tf_0$.

Nun ist

$$\|(P_n(A) - P_m(A))f_0\|^2 = \int\limits_{m}^{M} |P_n(\lambda) - P_m(\lambda)|^2 d\|E_\lambda f_0\|^2.$$

Da hier die linke Seite für $n, m \to \infty$ gegen 0 strebt, genügt die Folge $P_n(\lambda)$, als Elementfolge des Raumes L^2 aller in bezug auf $\|E_\lambda f_0\|^2$ quadratisch integrierbarer Funktionen aufgefaßt, der CAUCHY*schen* Konvergenzbedingung. Also gibt es eine (auf $[m, M]$ überall definierte) Funktion $F(\lambda) \in L^2$, die man sogar aus einer BAIRE*schen* Klasse wählen kann, so daß

$$(1) \qquad \int\limits_{m}^{M} |P_n(\lambda) - F(\lambda)|^2 d\|E_\lambda f_0\|^2 \to 0 \qquad \text{für} \qquad n \to \infty.$$

$F(\lambda)$ ist gewiß A-meßbar, also existiert $F(A)$. Da $\int\limits_{m}^{M} |F(\lambda)|^2 d\|E_\lambda f_0\|^2 < \infty$ ($F(\lambda)$ ist ja in L^2), ist $F(A)f_0$ sinnvoll. Das Integral (1) ergibt eben $\|(P_n(A) - F(A))f_0\|^2$, folglich $P_n(A)f_0 \to F(A)f_0$, also ist $F(A)f_0 = Tf_0$, w. z. b. w.

Nun gilt der folgende Satz[1]:

---

[1] v. NEUMANN [3] (Satz 6) und [2] (Satz 5). RIESZ [5] wendet zum Beweis einen Differentialprozeß an. Beide Verf. beschränken sich auf den Fall, daß T selbstadjungiert ist. MIMURA [1] verallgemeinert den Satz auf die obige Form. Vgl. noch NAKANO [2], [3]. Der von uns angeführte Beweis hat einige Berührungspunkte mit denen von RIESZ und MIMURA.

Sei $\Re$ separabel. Dafür, daß eine lineare Transformation T von $\Re$ Funktion eines ABEL*schen Systems $\{A\}$ von selbstadjungierten oder normalen Transformationen von $\Re$ sei, ist notwendig und hinreichend, daß T dicht definiert, abgeschlossen und $\mathfrak{vv}\{A\}$ sei.*

Da die Notwendigkeit schon feststeht, bleibt nur die Hinlänglichkeit zu beweisen. Im Beweis beschränken wir uns auf den Fall, daß $\{A\}$ aus einem einzigen selbstadjungierten A besteht, der allgemeine Fall läßt sich analog behandeln; wir können wieder annehmen, daß A beschränkt ist.

Sei g_1, g_2, ... eine in $\mathfrak{D}_T$, also auch in $\Re$ dichte Folge. Man setze

$$(2) \qquad f_1 = g_1, \quad f_2 = g_2 - L_1 g_2, \ldots, f_n = g_n - \sum_{k=1}^{n-1} L_k g_n, \ldots,$$

wo L_k die Projektion auf $\mathfrak{M}(f_k)$ bedeutet. Da $L_k \mathfrak{v} A$, ist auch $L_k \mathfrak{v} T$; folglich ist $L_k g_n \in \mathfrak{D}_T$, also auch $f_n \in \mathfrak{D}_T$ $(n = 1, 2, \ldots)$.

Wir zeigen, daß $L_i L_k = O$ für $i \neq k$. Ist dies für $i, k < n$ schon bewiesen, so wird für $i < n$:

$$L_i f_n = L_i g_n - L_i \left(\sum_{k=1}^{n-1} L_k g_n \right) = L_i g_n - L_i g_n = 0,$$

$$L_i A^k f_n = A^k L_i f_n = 0,$$

also ist jedes Element von der Form $A^k f_n$, und damit der ganze Unterraum $\mathfrak{M}(f_n)$, orthogonal zu $\mathfrak{M}(f_i)$. Also ist $L_i L_n = L_n L_i = O$, womit der Beweis durch Induktionsschluß erbracht ist.

Wir behaupten, daß die Projektion $P = \sum_{k=1}^{\infty} L_k$ gleich I ist. Da die g_n in $\Re$ dicht liegen, genügt es, $P g_n = g_n$ für jedes n zu zeigen. Nun folgt aus (2): $P g_n = P f_n + \sum_{k=1}^{n-1} P L_k g_n$; da $P f_n = f_n$ und $P L_k = L_k$ (wegen der Orthogonalität der L_k), ist wirklich $P g_n = g_n$.

Wählen wir nun eine positive Zahlenfolge c_n derart, daß die Reihen $\sum_{n=1}^{\infty} c_n f_n$ und $\sum_{n=1}^{\infty} c_n T f_n$ konvergieren (z. B. $c_n = 2^{-n} (\|f_n\| + \|T f_n\| + 1)^{-n})$. Die erste möge gegen f_0, die zweite gegen f_0^* streben. Da T abgeschlossen ist, hat man $f_0 \in \mathfrak{D}_T$ und $f_0^* = T f_0$. Nach dem Hilfssatz gibt es eine BAIRE*sche* Funktion $F(\lambda)$ derart, daß $T f_0 = F(A) f_0$.

Ist B eine mit A vertauschbare beschränkte selbstadjungierte Transformation, so ist $B \mathfrak{v} F(A)$ und (wegen der Voraussetzung) auch $B \mathfrak{v} T$; also sind $F(A)$ und T für $B f_0$ definiert, und es folgt aus $B F(A) f_0 = B T f_0$, daß $F(A) B f_0 = T B f_0$.

Wir setzen insbesondere $B = \frac{1}{c_m} P_n A^k L_m$ mit $P_n = e_n(A)$, wo $e_n(\lambda)$ diejenige Funktion bedeutet, die 1 bzw. 0 ist, je nachdem $|F(\lambda)| \leqq n$ bzw.

$> n$ ist. Da $L_m f_0 = \sum_{n=1}^{\infty} c_n L_m f_n = c_m f_m$, hat man $F(A) P_n A^k f_m = T P_n A^k f_m$. Die Gleichung

$$(3) \qquad\qquad F(A) P_n h = T P_n h$$

gilt dann auch für jede Linearkombination h der $A^k f_m$. Die Linearkombinationen der $A^k f_m$ mit festem m sind in $\mathfrak{M}(f_m)$ dicht; variiert man auch m, so erhält man (wegen $\mathfrak{R} = \sum_{m=1}^{\infty} \oplus \mathfrak{M}(f_m)$) eine in $\mathfrak{R}$ dichte Menge.

Nun ist $F(A) P_n$ offenbar beschränkt. Wenn also h^* beliebig aus $\mathfrak{R}$ und h_i eine gegen h^* strebende Folge von Linearkombinationen obiger Art sind, so gilt: $F(A) P_n h_i \to F(A) P_n h^*$, also (wegen (3)): $T P_n h_i \to F(A) P_n h^*$. Da auch $P_n h_i \to P_n h^*$, und da T abgeschlossen ist, gehört $P_n h^*$ zu $\mathfrak{D}_T$, und man hat $T P_n h^* = F(A) P_n h^*$. Also ist $T P_n = F(A) P_n$.

Sei nun $g \in \mathfrak{D}_{F(A)}$ und man setze $g_n = P_n g$. Es folgt aus der Definition von P_n, daß $P_n \to I$ für $n \to \infty$; also hat man $g_n \to g$. Da $T g_n = T P_n g = F(A) P_n g = P_n F(A) g \to F(A) g$, folgt aus der Abgeschlossenheit von T, daß $g \in \mathfrak{D}_T$ und $T g = F(A) g$. Also ist $T \supseteq F(A)$. Da man in diesem Gedankengang die Rolle von T und $F(A)$ vertauschen kann, so erhält man ebenso $F(A) \supseteq T$. Also ist $T = F(A)$.

Wir zeigen an einem Beispiel, daß in nichtseparablen Räumen der Satz im allgemeinen *nicht* gilt[1].

Sei $\mathfrak{R}_1 = \mathfrak{R}_{(0,1)}$ der Raum aller Funktionen $f(x)$ $(0 < x < 1)$ mit endlichem $\sum_x |f(x)|^2$ und sei $\mathfrak{R}_2 = L^2(0, 1)$ der Raum aller Funktionen $g(x)$ $(0 < x < 1)$ mit endlichem $\int_0^1 |g(x)|^2 dx$. Sei $e_\lambda(x) = \begin{cases} 1 & \text{für } x \leq \lambda \\ 0 & \text{für } x > \lambda \end{cases}$ und $\varepsilon_\lambda(x) = \begin{cases} 1 & \text{für } x = \lambda, \\ 0 & \text{für } x \neq \lambda. \end{cases}$ Man betrachte in $\mathfrak{R} = \mathfrak{R}_1 \times \mathfrak{R}_2$ der Paare $\{f(x), g(x)\}$ die durch $E_\lambda \{f(x), g(x)\} = \{e_\lambda(x) f(x), e_\lambda(x) g(x)\}$ definierte Spektralschar $\{E_\lambda\}$ sowie die Transformation $A = \int_0^1 \lambda\, d E_\lambda$. Wir werden zeigen, daß die durch $P\{f, g\} = \{f, 0\}$ definierte Projektion von $\mathfrak{R}$ auf $\mathfrak{R}_1$ zwar $\mathfrak{vv}$ A, aber keine Funktion von A ist.

Sei $E(\lambda) = E_\lambda - E_{\lambda-0}$. Man hat $E(\lambda)\{f(x), g(x)\} = \{\varepsilon_\lambda(x) f(x), 0\}$, weil $\varepsilon_\lambda(x) g(x)$, als Element von $L^2(0, 1)$, äquivalent mit 0 ist. Da $\sum_\lambda \varepsilon_\lambda(x) f(x) = f(x)$, folgt hieraus, daß $\sum_\lambda \dotplus E(\lambda) = P$. Aus $E(\lambda)$ $\mathfrak{vv}$ A folgt dann aber P $\mathfrak{vv}$ A.

Wäre eine Gleichung von der Form $P = \int_0^1 p(\lambda)\, d E_\lambda$ möglich, so müßte $p(\lambda) \not\equiv 1$ sein. Sei ξ so, daß $p(\xi) \neq 1$. Da $\|E_\lambda \{\varepsilon_\xi(x), 0\}\|^2 = \|\{e_\lambda(x) \varepsilon_\xi(x), 0\}\|^2 = \sum_x |e_\lambda(x) \varepsilon_\xi(x)|^2 = \begin{cases} 0, & \text{wenn } \lambda < \xi, \\ 1, & \text{wenn } \lambda \geq \xi, \end{cases}$ ist $(P\{\varepsilon_\xi, 0\}, \{\varepsilon_\xi, 0\}) = \int_0^1 p(\lambda)\, d\|E_\lambda \{\varepsilon_\xi, 0\}\|^2 = p(\xi) \neq 1$, während die direkte Ausrechnung $(P\{\varepsilon_\xi, 0\}, \{\varepsilon_\xi, 0\}) = 1$ ergibt.

---

[1] Nach NAKANO [3], vgl. auch WECKEN [2] (Anhang 1).

3. Simultane Spektraldarstellung eines Abelschen Systems von selbstadjungierten oder normalen Transformationen.

Die Funktionen einer selbstadjungierten Transformation bilden, wie wir wissen, ein Abelsches System. Es erhebt sich die Frage, ob es zu jedem Abelschen System $\{A_\alpha\}$ von selbstadjungierten oder normalen Transformationen eine selbstadjungierte Transformation B derart gibt, daß jede Transformation des Systems $\{A_\alpha\}$ eine Funktion von B ist. Da sich eine normale Transformation A mit selbstadjungierten A_1, A_2 in der Form $A = A_1 + iA_2$ darstellen läßt, wobei $A_1 \, \mathfrak{v} \, A_2$, $A_1 \, \mathfrak{vv} \, A$ und $A_2 \, \mathfrak{vv} \, A$ gilt, genügt es, Systeme $\{A_\alpha\}$ von selbstadjungierten Transformationen zu betrachten[1]. Ferner darf man annehmen, daß $O \leqq A_\alpha \leqq I$ für jedes $A_\alpha \in \{A_\alpha\}$; sonst hätte ja man zuerst $\{A_\alpha\}$ etwa durch das Abelsche System $\{A'_\alpha\}$, wo $A'_\alpha = \frac{1}{\pi} \operatorname{arc\,tg} A_\alpha + \frac{1}{2} I$, zu ersetzen; gilt der Satz für $\{A'_\alpha\}$, so gilt er auch für $\{A_\alpha\}$, da aus $A'_\alpha = G_\alpha(B)$ folgt $A_\alpha = F_\alpha(B)$ mit $F_\alpha(\lambda) = \operatorname{tg} \pi(G_\alpha(\lambda) - \frac{1}{2})$.

Zuerst betrachte man ein endliches Abelsches System:

$$A_1, \ A_2, \ \ldots, \ A_n;$$

sei $A_k = \int\limits_0^1 \lambda \, dE_\lambda^{(k)}$ $(k = 1, 2, \ldots, n)$. Dann ist

$$A_k = \int\limits_{\mathsf{W}_n} \lambda_k \, dE_{\lambda_1, \lambda_2, \ldots, \lambda_n},$$

wo $E_{\lambda_1, \lambda_2, \ldots, \lambda_n} = E_{\lambda_1}^{(1)} E_{\lambda_2}^{(2)} \ldots E_{\lambda_n}^{(n)}$ und wo die Integration über den Einheitswürfel $\mathsf{W}_n = (0 \leqq \lambda_1 \leqq 1, \ 0 \leqq \lambda_2 \leqq 1, \ \ldots, \ 0 \leqq \lambda_n \leqq 1)$ genommen ist. Nun bilde man die Strecke $0 \leqq x \leqq 1$ mittels einer Peanoschen Kurve auf W_n ab. Dem Punkt x möge dabei der Punkt in W_n mit den Koordinaten $\lambda_k = G_k(x)$ $(k = 1, 2, \ldots, n)$ entsprechen. Die inverse Abbildung $x = F(\lambda_1, \lambda_2, \ldots, \lambda_n)$ ist auch überall eindeutig und stetig, abgesehen von den Punkten einer gewissen Menge S in W_n; S liegt auf den — abzählbar unendlich vielen — Teilungsebenen von W_n, die zur Konstruktion der Peanoschen Kurve benützt wurden. Eine solche Ebene mit der Gleichung $\lambda_k = a$ ist in bezug auf $\{E_{\lambda_1, \lambda_2, \ldots, \lambda_n}\}$ gewiß dann vom Maße 0, wenn a keine Sprungstelle von $E_\lambda^{(k)}$, d. h. kein Eigenwert von A_k ist. Ist die Komplementärmenge des Punktspektrums jedes A_k überall dicht in $(0, 1)$, so können also diese Teilungsebenen so genommen werden, daß sie — und mit ihnen auch S — in bezug auf $\{E_{\lambda_1, \lambda_2, \ldots, \lambda_n}\}$ eine Nullmenge bilden. Dann gilt $\lambda_k = G_k(F(\lambda_1, \lambda_2, \ldots, \lambda_n))$ $(k = 1, 2, \ldots)$ fast überall in bezug auf $\{E_{\lambda_1, \lambda_2, \ldots, \lambda_n}\}$. Wenn man also $B = F(A_1, A_2, \ldots, A_n)$ setzt, dann wird $A_k = G_k(B)$ $(k = 1, 2, \ldots, n)$.

Die über das Punktspektrum der A_k gestellte Bedingung ist in einem separablen Raum $\mathfrak{R}$ immer erfüllt, da dann das Punktspektrum immer eine abzählbare Menge ist. Ist im Falle eines nichtseparablen $\mathfrak{R}$

---

[1] Siehe Nachtrag 3 auf S. 81.

die Bedingung für gewisse A_k nicht erfüllt, so ersetze man jedes solche A_k im System durch das Paar $A'_k = \int\limits_{-\infty}^{\infty} r(\lambda)\,\lambda\,dE_\lambda^{(k)}$, $A''_k = \int\limits_{-\infty}^{\infty} (1 - r(\lambda))\,\lambda\,dE_k^{(k)}$, wo $r(\lambda) = \begin{cases} 1 & \text{für rationale } \lambda \\ 0 & \text{für irrationale } \lambda \end{cases}$ ist; das Punktspektrum von A'_k enthält dann keine irrationale, dasjenige von A''_k keine rationale Zahl, und es gilt $A'_k + A''_k = A_k$.

Der Fall eines abzählbar unendlichen ABELschen Systems läßt sich analog behandeln. Man braucht nur eine verallgemeinerte PEANOsche Kurve anzuwenden, die den abzählbar unendlich dimensionalen Einheitswürfel $W_\infty = (0 \leqq \lambda_1 \leqq 1,\ 0 \leqq \lambda_2 \leqq 1,\ \ldots)$ ausfüllt[1]. — Also gilt der Satz:

Zu einem endlichen oder abzählbar unendlichen ABEL*schen System $\{A_k\}$ selbstadjungierter oder normaler Transformationen kann immer eine selbstadjungierte Transformation B derart gefunden werden, daß jede Transformation A_k eine Funktion von B ist, d. h. $A_k = \int\limits_{-\infty}^{\infty} a_k(\lambda)\,dP_\lambda$ gilt, wo $\{P_\lambda\}$ die Spektralschar von B bedeutet. Man kann sogar fordern, daß B ihrerseits eine Funktion des Systems $\{A_k\}$ sei, also daß insbesondere $B\ \text{ʋʋ}\ \{A_k\}$ gilt; ferner darf man fordern, daß $O \leq B \leq I$.*

In einem separablen Raum $\Re$ gilt der Satz sogar für nichtabzählbar unendliche ABEL*sche Systeme[2].*

Die letzte Behauptung beweist man so. Sei $\{A_\alpha\}$ ein ABELsches System; wir dürfen immer annehmen, daß $\|A_\alpha\| \leqq 1$ für jedes A_α. Man wähle aus $\{A_\alpha\}$ ein abzählbares Untersystem $\{A_k\}$ derart aus, daß jedes A_α aus $\{A_\alpha\}$ Limes einer passenden Teilfolge aus $\{A_k\}$ ist (vgl. I. 5). Nach dem obigen gibt es eine selbstadjungierte Transformation B so, daß jede Transformation des abzählbaren Systems $\{A_k\}$ eine Funktion von B ist; insbesondere gilt also $A_k\ \text{ʋʋ}\ B$ für jedes k. Dann gilt aber $A_\alpha\ \text{ʋʋ}\ B$ auch für jede andere Transformation $A_\alpha \in \{A_\alpha\}$, folglich sind (nach X. 2) auch diese Funktionen von B.

4. Zweiter Beweis.

Wir beweisen den obigen Satz zunächst für ein abzählbares ABELsches System von Projektionen: $P_1,\ P_2,\ \ldots$

Man betrachte diejenigen Zahlen s zwischen 0 und 1, in deren triadischen Entwicklung $s = [0,\ \sigma_1\sigma_2\ldots]_3$ nur Nullen und Zweien auftreten, und zwar die Nullen nur endlichvielmal. Man setze für $s = [0,\ \sigma_1\sigma_2 \ldots \sigma_M\,222\ldots]_3$ $(\sigma_1,\ \ldots,\ \sigma_M = 0$ oder 2),

$$E_s = \sum_\tau P_1^{\frac{\tau_1}{2}} (I - P_1)^{1 - \frac{\tau_1}{2}} \ldots P_N^{\frac{\tau_N}{2}} (I - P_N)^{1 - \frac{\tau_N}{2}} \qquad (N \geqq M),$$

wo die τ-Werte 0 und 2 durchlaufen, und zwar unter der Bedingung $[0,\ \tau_1\tau_2,\ \ldots\ \tau_N\,000\ldots]_3 \leqq s$, sonst voneinander unabhängig. Da die Glieder

---

[1] Vgl. JESSEN [1], v. SZ. NAGY [2] (S. 223).

[2] v. NEUMANN [2] (Satz 10), HAAR [1] (S. 781—790). Unser zweiter Beweis in X. 4 ist mit jenem dieser Verf. verwandt.

dieser Summe offenbar paarweise orthogonale Projektionen sind, ist E_s auch eine Projektion. Die Definition von E_s hängt von der besonderen Wahl von N nicht ab; dies sieht man leicht, wenn man bemerkt, daß aus $[0, \tau_1\tau_2 \ldots \tau_K 000 \ldots]_3 \leq s$ auch $[0, \tau_1\tau_2 \ldots \tau_K 2000 \ldots]_3 \leq s$ folgt.

Wenn $s \leq s'$, dann ist $E_s \leq E_{s'}$. In der Tat, wenn $s = [0, \sigma_1\sigma_2 \ldots \sigma_M 222 \ldots]_3$ und $s' = [0, \sigma' \sigma'_2 \ldots \sigma'_L 222 \ldots]_3$ und wenn man N größer als M und L wählt, dann tritt jedes Glied der E_s definierenden Summe auch in der $E_{s'}$ definierenden Summe auf.

E_s kann leicht zu einer Spektralschar ergänzt werden. Für ein $x = [0, \xi_1\xi_2 \ldots]_3$ ($\xi_k = 0$ oder 2) der triadischen Menge von Cantor setze man $E_x = \lim\limits_{n \to \infty} E_{s_n}$, wo $s_n = [0, \xi_1, \xi_2 \ldots \xi_n 222 \ldots]_3$ (da E_{s_n} eine abnehmende Folge ist, existiert der Limes und ist eine Projektion). Die Monotonie der ergänzten Schar E_x bleibt behalten. Ist (a, b) ein Komplementärintervall der Cantorschen Menge, $0 < a < b < 1$, so setze man $E_\lambda = E_a$ für $a < \lambda < b$. Endlich setze man $E_\lambda = O$ für $\lambda < 0$ und $E = I$ für $\lambda > 1$. Es gilt offenbar $E_\lambda \, \mathfrak{vb} \, \{P_k\}$.

Die Funktion $p_k(\lambda)$ sei nun folgendermaßen definiert: Für ein $x = [0, \xi_1\xi_2 \ldots]_3$ aus der Cantorschen Menge sei $p_k(x) = \dfrac{\xi_k}{2}$; für die anderen Punkte mag sie willkürlich definiert werden. Wir behaupten, daß

$$\int\limits_0^1 p_k(\lambda) \, dE_\lambda = P_k. \qquad\qquad (k = 1, 2, \ldots)$$

In der Tat, das Integral ist gleich der Summe

$$\sum_\alpha \left(E_{[0, \alpha_1\alpha_2 \ldots \alpha_{k-1} 222 \ldots]_3} - E_{[0, \alpha_1\alpha_2 \ldots \alpha_{k-1} 022 \ldots]_3} \right)$$

$$= \sum_\alpha \left(\sum_\varepsilon P_1^{\frac{\varepsilon_1}{2}} (I - P_1)^{1 - \frac{\varepsilon_1}{2}} \ldots P_k^{\frac{\varepsilon_k}{2}} (I - P_k)^{1 - \frac{\varepsilon_k}{2}} \right),$$

wo die α voneinander unabhängig die Werte 0 und 2 durchlaufen, während, für ein gegebenes System der α, die Summe $\sum\limits_\varepsilon$ sich auf jedes solche System $\varepsilon_1, \ldots, \varepsilon_k$ der Zahlen 0 und 2 bezieht, für welches $[0, \alpha_1\alpha_2 \ldots \alpha_{k-1} 022 \ldots]_3 < [0, \varepsilon_1\varepsilon_2 \ldots \varepsilon_k 000 \ldots]_3 \leq [0, \alpha_1\alpha_2 \ldots \alpha_{k-1} 222 \ldots]_3$. Es gibt aber offenbar nur ein einziges solches System ε, nämlich $\varepsilon_1 = \alpha_1, \ldots, \varepsilon_{k-1} = \alpha_{k-1}, \varepsilon_k = 2$; also ist

$$\int\limits_0^1 p_k(\lambda) \, dE_\lambda = \sum_\alpha P_1^{\frac{\alpha_1}{2}} (I - P_1)^{1 - \frac{\alpha_1}{2}} \ldots P_{k-1}^{\frac{\alpha_{k-1}}{2}} (I - P_{k-1})^{1 - \frac{\alpha_{k-1}}{2}} P_k = P_k,$$

womit die Behauptung bewiesen ist.

Ist der Satz für abzählbar viele Projektionen schon bewiesen, so folgt er für ein endliches oder abzählbar unendliches Abelsches System beliebiger selbstadjungierter Transformationen $\{A_k\}$, $O \leq A_k \leq I$, folgendermaßen.

Sei $A_k = \int\limits_0^1 \lambda \, dE_\lambda^{(k)}$. Das System der $E_r^{(k)}$ (r durchläuft alle rationalen Zahlen; $k = 1, 2, \ldots$) bildet ein abzählbares Abelsches System von Projektionen, also gibt es eine Spektralschar $\{E_\lambda\}$ und Funktionen $p_r^{(k)}(\lambda)$ derart, daß $E_\lambda \, \mathfrak{vb} \, \{E_r^{(k)}\}$,

$$E_\lambda = \begin{cases} I \text{ für } \lambda \geq 1 \\ O \text{ für } \lambda < 0 \end{cases} \text{ und}$$

$$E_r^{(k)} = \int\limits_0^1 p_r^{(k)}(\lambda) \, dE_\lambda;$$

dann hat man auch $E_\lambda \, \mathfrak{vb} \, \{A_k\}$.

Nun sei $F_n(\lambda)$ eine Folge von Treppenfunktionen, die wachsend gegen λ strebt. Die Sprungstellen von $F_n(\lambda)$ seien alle rational und $F_n(\lambda)$ sei von links stetig. Dann ist $F_n(A_k)$ eine Linearkombination der $E_r^{(k)}$. Wenn $s_n^{(k)}(\lambda)$ die entsprechende Linearkombination der $p_r^{(k)}(\lambda)$ ist, dann hat man:

$$F_n(A_k) = \int_0^1 s_n^{(k)}(\lambda)\, dE_\lambda.$$

Da $F_1(A_k) \leq F_2(A_k) \leq \cdots \leq A_k \leq I$, so muß fast überall in bezug auf $\{E_\lambda\}$ gelten: $s_1^{(k)}(\lambda) \leq s_2^{(k)}(\lambda) \leq \cdots \leq 1$; $s_n^{(k)}(\lambda)$ strebt also fast überall in bezug auf $\{E_\lambda\}$ gegen eine beschränkte Funktion $a_k(\lambda)$. Dann ist aber

$$(A_k f,\, g) = \lim_{n \to \infty}(F_n(A_k)f,\, g) = \lim_{n \to \infty}\int_0^1 s_n^{(k)}(\lambda)\, d(E_\lambda f,\, g) = \int_0^1 a_k(\lambda)\, d(E_\lambda f,\, g),$$

d. h.

$$A_k = \int_0^1 a_k(\lambda)\, dE_\lambda,$$

w. z. b. w.

XI. Spektraldarstellung von Gruppen und Halbgruppen linearer Transformationen.

1. Gruppen von unitären Transformationen.

Wenn $\{E_\lambda\}$ eine beliebige Spektralschar ist, dann sind die Transformationen $U_t = \int_{-\infty}^{\infty} e^{2\pi t \lambda i}\, dE_\lambda$ $(-\infty < t < \infty)$ unitär und bilden eine einparametrige kontinuierliche Gruppe. In der Tat, es ist $U_t U_s = U_{t+s}$ und $U_0 = I$; wenn $s \to t$, dann $U_s \to U_t$, weil aus $e^{2\pi s \lambda i} \to e^{2\pi t \lambda i}$ folgt

$$\|U_s f - U_t f\|^2 = \int_{-\infty}^{\infty} |e^{2\pi s \lambda i} - e^{2\pi t \lambda i}|^2 d(E_\lambda f,\, f) \to 0.$$

Umgekehrt[1],

wenn die einparametrige Schar $\{U_t\}$ $(-\infty < t < \infty)$ von unitären Transformationen eine schwach-kontinuierliche Gruppe ist, d. h. wenn $U_t U_s = U_{t+s}$ und $(U_t f,\, g)$ für jede f und g stetig von t abhängt[2], dann gibt es eine und nur eine Spektralschar $\{E_\lambda\}$ derart, daß $U_t = \int_{-\infty}^{\infty} e^{2\pi t \lambda i}\, dE_\lambda$ gilt. Man hat $E_\lambda\, \mathfrak{vv}\, \{U_t\}$. Insbesondere ist dann also $\{U_t\}$ auch stark-kontinuierlich, d. h. $U_s \to U_t$, wenn $s \to t$.

Zuerst zeigen wir die *Einzigkeit* von $\{E_\lambda\}$. Wäre

$$(U_t f,\, g) = \int_{-\infty}^{\infty} e^{2\pi t \lambda i}\, d(E_\lambda' f,\, g) = \int_{-\infty}^{\infty} e^{2\pi t \lambda i}\, d(E_\lambda'' f,\, g),$$

---

[1] Satz von STONE [1] (III. Mitt.) und [2]. Weitere Beweise bei v. NEUMANN [6], BOCHNER [1], RIESZ [3], v. SZ. NAGY [1] und NAKANO [6]. Der im Text stehende Beweis ist derjenige von v. SZ. NAGY.

[2] Das bedeutet, daß $U_s \to U_t$, wenn $s \to t$.

so hätte man

$$\int\limits_{-\infty}^{\infty} f(\lambda)\,d(E_\lambda' f,\,g) = \int\limits_{-\infty}^{\infty} f(\lambda)\,d(E_\lambda'' f,\,g)$$

für jedes trigonometrische Polynom $f(\lambda)$ mit beliebiger Periode, also auch für die Limites der beschränkten konvergenten Folgen solcher Polynome. Wie man leicht sieht, gehört die Funktion $\chi_\mu(\lambda) = \begin{cases} 1 & \text{für } \lambda \leq \mu \\ 0 & \text{für } \lambda > \mu \end{cases}$ dieser Funktionenklasse an, also ist

$$(E_\mu' f,\,g) = \int\limits_{-\infty}^{\infty} \chi_\mu(\lambda)\,d(E_\lambda' f,\,g) = \int\limits_{-\infty}^{\infty} \chi_\mu(\lambda)\,d(E_\lambda'' f,\,g) = (E_\mu'' f,\,g),$$

d. h. $E_\mu' = E_\mu''$, w. z. b. w.

Nun kommen wir zum Beweis der *Existenz* von $\{E_\lambda\}$.

Zuerst sei der spezielle Fall betrachtet, daß $U_1 = I$. Dann ist U_t periodisch mit der Periode 1, denn $U_{t+1} = U_t U_1 = U_t$. Wir können U_t in eine Art von FOURIERscher Reihe entwickeln.

Für jedes ganzzahlige n sei gesetzt

$$(1) \qquad L_n[f,\,g] = \int\limits_0^1 e^{-2\pi n t i}(U_t f,\,g)\,dt.$$

$L_n[f,\,g]$ ist für jedes feste g eine lineare Operation auf f, die auch beschränkt ist, da $|L_n[f,\,g]| \leq \int\limits_0^1 |(U_t f,\,g)|\,dt \leq \|f\|\,\|g\|$. Also gibt es ein g_n derart, daß $L_n[f,\,g] = (f,\,g_n)$ (vgl. I. 4). Durch $g_n = P_n g$ definieren wir eine — offenbar lineare — Transformation P_n. Wir zeigen, daß

$$(2) \qquad U_s P_n = P_n U_s = e^{2\pi n s i} P_n.$$

In der Tat, es folgt aus der Periodizität von U_t

$$(f,\,U_s P_n g) = (U_{-s} f,\,P_n g) = \int\limits_0^1 e^{-2\pi n t i}(U_t U_{-s} f,\,g)\,dt = \int\limits_0^1 e^{-2\pi n t i}(U_{t-s} f,\,g)\,dt$$

$$= e^{-2\pi n s i} \int\limits_{-s}^{1-s} e^{-2\pi n y i}(U_y f,\,g)\,dy = e^{-2\pi n s i} \int\limits_0^1 e^{-2\pi n y i}(U_y f,\,g)\,dy$$

$$= e^{-2\pi n s i}(f,\,P_n g);$$

die Gleichung $(f,\,P_n U_s g) = (f,\,e^{2\pi n s i} P_n g)$ folgt ebenso. Mit ähnlichem Schluß zeigt man, daß $P_n \,\mathfrak{v}\mathfrak{v}\,\{U_t\}$.

P_n ist selbstadjungiert:

$$(P_n f,\,g) = \overline{(g,\,P_n f)} = \overline{\int\limits_0^1 e^{-2\pi n t i}(U_t g,\,f)\,dt} = \int\limits_0^1 e^{2\pi n t i}(f,\,U_t g)\,dt$$

$$= \int\limits_{-1}^0 e^{-2\pi n s i}(f,\,U_{-s} g)\,ds = \int\limits_0^1 = (f,\,P_n g).$$

Ferner ist

$$(P_m f,\ P_n g) = \int_0^1 e^{-2\pi n ti}(U_t P_m f,\ g)\,dt = \int_0^1 e^{-2\pi n ti}\,e^{2\pi m ti}(P_m f,\ g)\,dt$$

$$= \begin{cases} (P_m f,\ g) & \text{für } m = n,\\ 0 & \text{für } m \neq n, \end{cases}$$

also $P_m^2 = P_m$ und $P_m P_n = O$ für $m \neq n$.

Die P_n sind also paarweise orthogonale Projektionen. Wir zeigen, daß $\sum_{n=-\infty}^{\infty} P_n = I$. Diese Summe, und mit ihr auch $Q = I - \sum_{n=-\infty}^{\infty} P_n$ sind gewiß Projektionen. Da Q orthogonal zu jedem P_m ist, hat man

$$\int_0^1 e^{-2\pi m ti}(U_t Q f,\ g)\,dt = (Q f,\ P_m g) = 0 \qquad (\text{für } m = 0,\ \pm 1,\ \pm 2,\ \ldots).$$

Also sind alle Fourierkoeffizienten der *stetigen* Funktion $(U_t Q f,\ g)$ gleich 0, folglich ist $(U_t Q f,\ g) = 0$, also $U_t Q = O$, $Q = U_{-t}(U_t Q) = O$.

Multipliziert man die jetzt erhaltene Gleichung $I = \sum_{n=-\infty}^{\infty} P_n$ mit U_t, so erhält man nach (2):

$$U_t = \sum_{n=-\infty}^{\infty} e^{2\pi n ti} P_n,$$

und dies ist die gewünschte Fouriersche Reihenentwicklung von U_t.

Setzt man $E_\lambda = \sum_{n \leq \lambda} P_n$, so wird $U_t = \int_{-\infty}^{\infty} e^{2\pi \lambda ti}\,dE_\lambda$, also ist $\{E_\lambda\}$ die gesuchte Spektralschar.

Im allgemeinen Fall, daß $U_1 \neq I$, verfährt man folgendermaßen:

Sei $U_1 = \int_{-\infty}^{\infty} e^{2\pi \mu i}\,dF_\mu$ die Spektraldarstellung von U_1 im Sinne von IV. 3 (statt λ wird $2\pi\mu$ geschrieben); $F_\mu = \begin{cases} O & \text{für } \mu \leq 0,\\ I & \text{für } \mu \geq 1, \end{cases}$ $F_\mu\,\mathfrak{v}\,U_1$. Sei $\{W_t\}$ die durch $\{F_\mu\}$ erzeugte Gruppe: $W_t = \int_{-\infty}^{\infty} e^{2\pi \mu ti}\,dF_\mu$. Aus $W_t\,\mathfrak{v}\,\{F_\mu\}$, $F_\mu\,\mathfrak{v}\,U_1$ folgt $W_t\,\mathfrak{v}\,U_1$; da $U_s\,\mathfrak{v}\,U_1$ und $U_s^* = U_s^{-1} = U_{-s}\,\mathfrak{v}\,U_1$, ist auch $U_s\,\mathfrak{v}\,W_t$.[1] Hieraus folgt, daß die unitären Transformationen $V_t = U_t W_{-t}$ wieder eine Gruppe bilden. V_t ist aber schon periodisch, es gilt ja $V_1 = U_1 W_{-1} = I$. $\{V_t\}$ ist auch schwach-kontinuierlich, denn aus $U_s \rightharpoonup U_t$ und $W_{-s} \to W_{-t}$ (für $s \to t$) nach I. 5 folgt:

$$U_s W_{-s} \rightharpoonup U_t W_{-t}.$$

Nach dem Obigen hat also V_t eine Reihenentwicklung

$$V_t = \sum_{n=-\infty}^{\infty} e^{2\pi n ti} P_n.$$

---

[1] $A_s = \tfrac{1}{2}(U_s + U_s^*)$ und $B_s = \dfrac{1}{2i}(U_s - U_s^*)$ sind ja selbstadjungiert und $\mathfrak{v}\,U_1$, folglich sind sie auch $\mathfrak{v}\,W_t$; dann ist aber auch $U_s = A_s + iB_s\,\mathfrak{v}\,W_t$.

Da aus $F_\mu \, \mathfrak{vv} \, U_1$, $P_n \, \mathfrak{vv} \, \{V_t\}$ und $V_t \, \mathfrak{v} \, U_1$ auch $F_\mu \, \mathfrak{v} \, P_n$ folgt, sind die Glieder der Reihe $\sum\limits_{n=-\infty}^{\infty} F_{\lambda-n} P_n$ paarweise orthogonale Projektionen. Folglich konvergiert diese Reihe gegen eine Projektion E_λ. Man sieht leicht, daß $\{E_\lambda\}$ eine Spektralschar ist, und daß $E_\lambda \, \mathfrak{vv} \, \{U_t\}$.

Wir behaupten, daß die durch $\{E_\lambda\}$ erzeugte Gruppe $\{U_t'\}$ mit $\{U_t\}$ identisch ist. Da $\sum\limits_{n=-\infty}^{\infty} P_n = I$, genügt es zu zeigen, daß $U_t P_m = U_t' P_m$ für jedes m. Nun erhält man mit Rückblick auf (2), wegen $E_\lambda P_m = F_{\lambda-m} P_m$,

$$U_t P_m = W_t V_t P_m = e^{2\pi m t i} W_t P_m = e^{2\pi m t i} \int\limits_{-\infty}^{\infty} e^{2\pi \mu t i} d F_\mu \cdot P_m$$

$$= \int\limits_{-\infty}^{\infty} e^{2\pi(m+\mu)t i} d F_\mu \cdot P_m = \int\limits_{-\infty}^{\infty} e^{2\pi \lambda t i} d F_{\lambda-m} \cdot P_m = \int\limits_{-\infty}^{\infty} e^{2\pi \lambda t i} d E_\lambda \cdot P_m = U_t' P_m.$$

Im Falle eines separablen Raumes $\mathfrak{R}$ bleibt der Satz auch dann gültig, wenn man über die Funktionen $(U_t f, g)$ von t statt Stetigkeit nur Meßbarkeit im Sinne von Lebesgue *voraussetzt.* (In diesem Fall folgt also die Stetigkeit schon aus der Meßbarkeit[1].)

Man betrachte wieder zuerst den Fall einer Schar $\{U_t\}$ mit $U_1 = I$. Man führe die P_n mit Hilfe der im Lebesgueschen Sinne existierenden Integrale (1) ein; die Eigenschaften der P_n folgen wie oben. Jetzt kann man aber daraus, daß alle Fourierkoeffizienten der Funktion $(U_t Q f, g)$ verschwinden, zunächst nur darauf schließen, daß diese Funktion *fast überall* gleich 0 ist. Möge g die Elemente eines vollständigen orthonormalen Systems $\{\varphi_n\}$ durchlaufen; die Vereinigung der Ausnahmemengen für $(U_t Q f, \varphi_1)$, $(U_t Q f, \varphi_2)$ usw. ist wieder eine Nullmenge. Fast überall gilt also $(U_t Q f, \varphi_n) = 0$ $(n = 1, 2, \ldots)$, also $U_t Q f = 0$ und $Q f = U_{-t}(U_t Q f) = 0$, d. h. $Q = O$.

Die Betrachtung des allgemeinen Falles geht ebenso wie oben vor sich. Nur hat man zuerst zu sehen, daß auch $V_t = U_t W_{-t}$ meßbar ist. Dies folgt aber aus $(V_t f, g) = (U_t f, W_t g) = \sum\limits_{n} (U_t f, \varphi_n)(\varphi_n, W_t g)$, weil die Summe einer Reihe mit meßbaren Gliedern selbst meßbar ist. Der übrige Teil des Beweises kann wörtlich wiederholt werden.

Für nichtseparable Räume bleibt der verallgemeinerte Satz im allgemeinen nicht gültig, da man dort meßbare Gruppen angeben kann, die nicht kontinuierlich sind. Im Raum $\mathfrak{R}_C$ (vgl. I. 2) definiere man U_t durch $U_t f(x) = f(x + t)$; offenbar ist U_t unitär und es gilt: $U_t U_s = U_{t+s}$, $U_0 = I$. Sind x_n $(n = 1, 2, \ldots)$ und x_n' $(n = 1, 2, \ldots)$ die Punkte, wo $f(x)$ bzw. $g(x)$ nicht verschwinden, so kann $(U_t f(x), g(x))$ offenbar nur für ein solches t von 0 verschieden sein, das mindestens

---

[1] Die Bemerkung, daß der Stonesche Satz im Hilbertschen Raum auch für meßbare Gruppen gilt, stammt von v. Neumann [6]. Weitere Beweise: Stone [2], Riesz [3], v. Sz. Nagy [1] und Nakano [6]. Dieser Satz hat wichtige Anwendungen auf die Ergodentheorie und auf die Quantenmechanik, vgl. v. Neumann [7] und Maeda [3].

einer der Gleichungen $x_k + t = x'_h$ (k, $h = 1$, 2, $\ldots$) genügt; solche t gibt es aber höchstens abzählbar viele. Also ist die Funktion $(U_t f, g)$ meßbar in t, aber es ist $(U_t \varepsilon_0(x),\ \varepsilon_0(x))$ $\left(\text{wo } \varepsilon_0(x) = \begin{cases} 1 \text{ für } x = 0 \\ 0 \text{ für } x \neq 0 \end{cases}\right)$ unstetig für $t = 0$.

2. Halbgruppen selbstadjungierter Transformationen.

Die für $t > 0$ definierte einparametrige Schar $\{A_t\}$ von beschränkten selbstadjungierten Transformationen bilde eine Halbgruppe, d. h. es gelte $A_t A_s = A_{t+s}$. Für jedes $f \in \mathfrak{R}$ sei die Funktion $(A_t f, f)$ von t mindestens in einem Intervall beschränkt oder meßbar. Dann ist die Halbgruppe gleichmäßig kontinuierlich, d. h. $A_s \rightrightarrows A_t$, wenn $s \to t$. Es gibt ferner eine und nur eine Spektralschar $\{E_\lambda\}$ derart, daß $E_\lambda = O$ für $\lambda < 0$ und

$$A_t = \int\limits_0^\infty \lambda^t d E_\lambda;$$

man hat $E_\lambda \mathfrak{vv} \{A_t\}$. Wenn keine der Transformationen A_t den Eigenwert 0 hat (d. h. wenn aus $A_t f = 0$ $f = 0$ folgt), dann gibt es eine und nur eine Spektralschar $\{F_\mu\}$, so daß

$$A_t = \int\limits_{-\infty}^\infty e^{t\mu} d F_\mu;$$

man hat $F_\mu \mathfrak{vv} \{A_t\}$.[1]

Für jedes f ist $h_f(t) = \log\left\| A_{\frac{t}{2}} f \right\|^2 = \log(A_t f, f)$ eine konvexe Funktion von t, denn es folgt aus der SCHWARZschen Ungleichung:

$$2\,h_f\left(\frac{t+s}{2}\right) = \log\left(A_{\frac{t+s}{2}}f, f\right)^2 = \log\left(A_{\frac{t}{2}} f, A_{\frac{s}{2}} f\right)^2 \leqq \log\left\| A_{\frac{t}{2}} f \right\|^2 \left\| A_{\frac{s}{2}} f \right\|^2 = h_f(t) + h_f(s).$$

Wir wissen außerdem, daß diese Funktion in einem Intervalle (a, b) entweder nach oben beschränkt oder meßbar ist. Eine konvexe Funktion, die in einem Teilintervalle ihres Definitionsintervalles eine von diesen Eigenschaften hat, ist aber im Inneren ihres Definitionsintervalles überall stetig[2]. Folglich ist auch $(A_t f, f)$ stetig für $t > 0$.

Sei $A_1 = \int\limits_m^M \lambda d E_\lambda$ die kanonische Spektraldarstellung von A_1; man hat $m \geqq 0$, da $A_1 = A_{\frac{1}{2}}^2 \geqq O$ und es gilt $E_\lambda \mathfrak{vv} A_1$.

Man setze $B_t = \int\limits_m^M \lambda^t d E_\lambda$ für $t > 0$; $\{B_t\}$ ist offenbar eine gleichmäßig-kontinuierliche Halbgruppe und es ist $A_1 = B_1$. Da die positiven selbstadjungierten Transformationen $A_{\frac{1}{2}}$ und $B_{\frac{1}{2}}$ dasselbe Quadrat haben, sind sie gleich (vgl. II. 1). Wiederholung desselben Schlusses ergibt $A_t = B_t$ für $t = 1$, $\frac{1}{2}$, $\frac{1}{4}$, $\ldots$, $\frac{1}{2^n}$, $\ldots$, woraus wegen der Halbgruppeneigen-

---

[1] Für Gruppen bei v. Sz. NAGY [1]. Verallgemeinerung auf Halbgruppen bei HILLE [1], [2] und v. Sz. NAGY [2].

[2] Siehe J. L. W. V. JENSEN: Acta math. Bd. 30 (1906) S. 175—193 und W. SIERPIŃSKI: Fundam. Math. Bd. 1 (1920) S. 125—129.

schaft $A_t = B_t$ für jede positive diadisch rationale Zahl $t = \dfrac{m}{2^n}$ folgt. Aus Stetigkeitsgründen folgt endlich $(A_t f,\, f) = (B_t f,\, f)$, d. h. $A_t = B_t$, für jedes positive t.

Es kann keine weitere dem Satz genügende Spektralschar $\{E_\lambda\}$ geben, da $\{E_\lambda\}$ schon durch die Gleichung $A_1 = \overset{M}{\underset{m}{\int}} \lambda \, dE_\lambda$ eindeutig bestimmt ist.

Wenn 0 kein Eigenwert von A_t ist, dann ist $E_0 = O$ (da $A_t E_0 = O$). $F_\mu = E_{e^\mu}$ ist dann wiederum eine Spektralschar und man hat

$$A_t = \int\limits_{-\infty}^{\infty} e^{\mu t}\, dF_\mu .$$

3. Halbgruppen normaler Transformationen.

Die für $t > 0$ definierte Schar von beschränkten normalen Transformationen $\{N_t\}$ bilde eine schwach-kontinuierliche Halbgruppe, d. h. es gelte $N_t N_s = N_{t+s}$ und $(N_t f,\, g)$ sei, für jedes f und g stetig in t.[1] Kein N_t habe den Eigenwert 0.[2] Dann ist $\{N_t\}$ stark-kontinuierlich, d. h. $N_s \to N_t$, wenn $s \to t$. Es gibt ferner eine und nur eine Spektralschar $\{K_z\}$, so daß $N_t = \int\limits_G e^{zt}\, dK_z$. Im Falle eines separablen Raumes $\Re$ genügt es, statt der Stetigkeit von $(N_t f,\, g)$ nur Meßbarkeit im Sinne von Lebesgue *zu fordern*[3].

Aus der Halbgruppeneigenschaft folgt unmittelbar, daß $N_s \, \mathfrak{v} \, N_t$. Es gilt aber auch $N_s^* \, \mathfrak{v} \, N_t$. Für kommensurable s, t (etwa $s = mu$, $t = nu$) ist das klar, da dann N_s und N_t ganzzahlige Potenzen derselben normalen Transformation (und zwar von N_u) sind. Für beliebige s und t folgt hieraus die Behauptung aus Stetigkeitsgründen[4].

Aus $N_s^* \, \mathfrak{v} \, N_t$ folgt nun, daß auch die selbstadjungierten Transformationen $A_t = N_{\frac{t}{2}}^* N_{\frac{t}{2}}$ eine Halbgruppe bilden und daß $A_t \, \mathfrak{v} \, N_s$. Für jedes f ist $(A_t f,\, f)$ in jedem Intervall $[a,\, b]$ $(0 < a < b)$ beschränkt. Sonst gäbe es ja eine Folge t_n aus $[a,\, b]$, die wir ohne Beschränkung der Allgemeinheit konvergent annehmen dürfen, so daß $\left\| N_{\frac{t_n}{2}} f \right\|^2 = \left(N_{\frac{t_n}{2}} f,\, N_{\frac{t_n}{2}} f \right)$ $= (A_{t_n} f,\, f) \to \infty$, was aber unmöglich ist, weil $N_{\frac{t_n}{2}} f$ schwach konvergiert

---

[1] Also $N_s \to N_t$, wenn $s \to t$.

[2] Die Voraussetzung, daß 0 kein Eigenwert ist, bedeutet keine wesentliche Einschränkung. Ist nämlich $\{N_t\}$ eine beliebige Halbgruppe normaler Transformationen, so gibt es zwei komplementäre Unterräume von $\Re$, etwa $\mathfrak{M}$ und $\mathfrak{N}$, die beide jedes N_t reduzieren, und zwar so, daß $\mathfrak{N}$ von jedem N_t ins 0 übergeführt wird, während $\mathfrak{M}$ kein zum Eigenwert 0 gehöriges Eigenelement enthält.

[3] v. Sz. Nagy [1].

[4] Denn ist t_n eine gegen t konvergente Folge von Zahlen, die alle mit s kommensurabel sind, so hat man $N_s^* N_{t_n} = N_{t_n} N_s^*$, $N_s^* N_{t_n} \to N_s^* N_t$, $N_{t_n} N_s^* \to N_t N_s^*$, also $N_s^* N_t = N_t N_s^*$.

und demnach beschränkt ist (vgl. I. 4). — Kein A_t hat den Eigenwert 0, denn aus $A_t f = 0$ folgt $\left\| N_{\frac{t}{2}} f \right\|^2 = 0$, $N_{\frac{t}{2}} f = 0$, also $f = 0$. Man kann also den vorigen Satz anwenden: $\{A_t\}$ ist gleichmäßig-kontinuierlich und es gibt eine Spektralschar $\{F_\mu\}$ derart, daß $A_t = \int\limits_{-\infty}^{\infty} e^{\mu t} dF_\mu$.

Da $A_t^2 = N_t^* N_t$, ist A_t notwendig gleich der in der Faktorzerlegung $N_t = U_t A_t$ (VIII. 3) auftretenden Transformation A_t. Da auch $N_t = A_t U_t$ und, da A_t^{-1} existiert $(A_t^{-1} = \int\limits_{-\infty}^{\infty} e^{-\mu t} dF_\mu)$, ist $U_t = A_t^{-1} N_t$. Mit $\{N_t\}$ und $\{A_t\}$ bildet auch $\{U_t\}$ eine Halbgruppe[1].

Mit $\{N_t\}$ ist auch $\{U_t\}$ schwach-kontinuierlich. Dies sieht man so ein. Man hat für jedes f, g und für $s \to t$:

$$|(U_s A_t f, g) - (U_t A_t f, g)| \leq |(U_s (A_t - A_s) f, g)| + |((U_s A_s - U_t A_t) f, g)|$$
$$\leq \|(A_t - A_s) f\| \|g\| + |((N_s - N_t) f, g)| \to 0,$$

es gilt also $U_s h \rightharpoonup U_t h$ für jedes h von der Form $A_t f$. Da aber diese in $\Re$ dicht liegen (A_t^{-1} ist ja selbstadjungiert), folgt hieraus leicht, daß $U_s f \rightharpoonup U_t f$ sogar für jedes f, d. h. $U_s \rightharpoonup U_t$.

U_t kann man leicht zu einer Gruppe von unitären Transformationen erweitern: man hat nur $U_0 = I$ und $U_{-t} = U_t^*$ zu setzen. Die schwache Kontinuierlichkeit bleibt dabei offenbar erhalten. Dann kann man aber den Satz XI. 1 anwenden: Es gibt eine Spektralschar $\{E_y\}$ derart, daß $U_t = \int\limits_{-\infty}^{\infty} e^{ity} dE_y$ (wir haben y statt $2\pi\lambda$ geschrieben).

Die zu den vertauschbaren Systemen $\{A_t\}$, $\{U_t\}$ gehörigen Spektralscharen $\{F_\lambda\}$, $\{E_y\}$ sind vertauschbar. Für $t > 0$ hat man:

$$N_t = A_t U_t = \int\limits_{-\infty}^{\infty} e^{xt} dF_x \cdot \int\limits_{-\infty}^{\infty} e^{iyt} dE_y = \int\limits_{G} e^{zt} dK_z$$

mit $K_z = E_x F_y$, w. z. b. w. Man sieht leicht, daß $K_z \, \mathfrak{vv} \, \{N_t\}$ und daß K_z durch die Gleichung $N_t = \int\limits_{G} e^{zt} dK_z$ eindeutig bestimmt ist.

Wenn man, im Falle eines separablen $\Re$, nur die Meßbarkeit der Funktionen $(N_t f, g)$ vorausgesetzt hat, dann kann man folgendermaßen schließen.

Sei f_n eine in $\Re$ dichte Folge; $\varphi_n = \dfrac{f_n}{\|f_n\|}$. Da, wie man leicht einsieht,

$$\|N_t\| = \sup_{m,n} |(N_t \varphi_m, \varphi_n)|,$$

ist auch $\|N_t\|$ eine meßbare Funktion von t. Da ferner $\left\| N_{\frac{s+t}{2}} \right\|^2 = \|N_{s+t}\|$

---

[1] Man beachte, daß $N_s \, \mathfrak{v} \, A_t$, also auch $N_s \, \mathfrak{v} \, A_t^{-1}$.

(vgl. II. 3), ist $\left\|N_{\frac{s+t}{2}}\right\|^2 \leqq \|N_s\|\,\|N_t\|$, also ist $\log\|N_t\|$ eine konvexe Funktion von t. Die meßbare konvexe Funktion $\log\|N_t\|$, und damit auch $\|N_t\|$, sind auf $(0, \infty)$ stetig[1].

Sei $0 < a < b$. Für jedes feste g definiert $\int\limits_a^b (N_\tau f,\, g)\, d\tau$ eine beschränkte lineare Operation auf f mit einer Schranke $\int\limits_a^b \|N_\tau\|\, d\tau \cdot \|g\|$. Nach I. 4 gibt es dann ein $g^* = T_{ab}g$ derart, daß für jedes f

$$(3)' \qquad (f,\, T_{ab}g) = \int\limits_a^b (N_\tau f,\, g)\, d\tau.$$

Schreibt man hierin $N_t f$ statt f, so erhält man

$$(N_t f,\, T_{ab}g) = \int\limits_a^b (N_\tau N_t f,\, g)\, d\tau = \int\limits_a^b (N_{\tau+t} f,\, g)\, d\tau = \int\limits_{a+t}^{b+t} (N_\sigma f,\, g)\, d\sigma.$$

Die rechte Seite hängt offenbar stetig von t ab. Also ist $(N_t f,\, h)$ für jedes f aus $\Re$ und für jedes h von der Form $T_{ab}g$, sowie für die Linearkombinationen solcher Elemente (mit verschiedenen a, b) stetig. Die Linearmannigfaltigkeit $\mathfrak{L}$ dieser Linearkombinationen ist aber in $\Re$ dicht. Dazu muß gezeigt werden, daß ein Element f^*, das zu allen $T_{ab}g$ (a, b und g beliebig) orthogonal steht, notwendig gleich 0 ist. Für ein solches f^* gilt nun wegen (3):

$$\int\limits_a^b (N_\tau f^*,\, g)\, d\tau = 0$$

für jedes Intervall (a, b), folglich ist der Integrand überall, mit der evtl. Ausnahme einer von g abhängigen Nullmenge, gleich 0. Sei nun f_n eine in $\Re$ dichte Folge. Die Vereinigungsmenge der zu den einzelnen f_n gehörigen Ausnahmemengen ist selbst eine Nullmenge; es gibt also sicherlich ein solches τ_0, daß $(N_{\tau_0} f^* f_n) = 0$ für $n = 1, 2, \ldots$ gilt. Dann ist aber $N_{\tau_0} f^* = 0$, also, da kein N_t den Eigenwert 0 hat, auch $f^* = 0$.

Wenn aber $(N_t f,\, h)$ für jedes f in $\Re$ und für jedes h der in $\Re$ dichten Menge $\mathfrak{L}$ stetig ist, dann ist $(N_t f,\, g)$ überhaupt für jedes Elementenpaar f, g aus $\Re$ stetig[2].

Also ist im separablen Falle jede meßbare Halbgruppe $\{N_t\}$ schwachkontinuierlich. Daß für nichtseparable Räume dies nicht immer der Fall ist, haben wir an einem Beispiel schon am Ende von XI. 1 gezeigt.

Damit ist der Satz vollständig bewiesen.

---

[1] Vgl. Anm. 2, S. 73.

[2] Denn ist $g = \lim h_n$, $h_n \in \mathfrak{L}$, so ist $\left|(N_t f,\, g) - (N_t f.\, h_n)\right| \leqq \|N_t\|\,\|f\|\,\|g - h_n\|$; also ist $(N_t f,\, g)$ im Inneren von $(0, \infty)$ gleichmäßiger Limes der stetigen Funktionen $(N_t f,\, h_n)$, also auch selbst stetig.

Man kann den Satz auch so aussprechen, daß $\{N_t\}$ durch eine „infinitesimale" Transformation N erzeugt wird. Denn setzt man $N = \int_G z\,dK_z$, so ist $N_t = e^{tN}$.

Natürlich gilt der Satz um so mehr für Gruppen $\{N_t\}$ $(-\infty < t < \infty)$; eine solche Schar $\{N_t\}$ kann als eine Darstellung der Translationsgruppe der Geraden in sich aufgefaßt werden. Der Satz läßt sich leicht auf allgemeine LIEsche Gruppen verallgemeinern[1]:

Jede Darstellung einer LIEschen Gruppe (oder eines LIEschen Gruppenkeimes) durch normale Transformationen, die schwach-kontinuierlich (bzw. im separablen Falle meßbar) von den Parametern der Gruppe abhängen, ist analytisch, d. h. wird von infinitesimalen Transformationen erzeugt.

---

[1] Vgl. v. Sz. NAGY [1].

Zeichenregister.

(Die Zahlen bedeuten die Seiten.)

$\Re$	3	$(,)$	3	$\geqq,\ \leqq$	14	$\prod\limits_{\omega} \mathfrak{M}_\omega$	8
$\Re_n$	4	$\|\ \|$	3, 11	$\supseteq,\ \subseteq$	28	$\mathfrak{M}_1 \cdot \mathfrak{M}_2 \ldots \mathfrak{M}_n$	8
$\mathfrak{H}$	4	$\to$	3, 11	$\mathfrak{D}_T$	27	$\sum\limits_{\omega} \mathfrak{M}_\omega$	8
$\Re_c$	6	$\longrightarrow$	10, 11	$\mathfrak{W}_T$	28	$\mathfrak{M}_1 + \mathfrak{M}_2 + \cdots + \mathfrak{M}_n$	8
$L^2(S)$	6	$\rightrightarrows$	11	$\mathfrak{B}_T$	29	$\sum\limits_{\omega} \oplus \mathfrak{M}_\omega$	8
$\Re^2$	7	T^*	12, 28	$\mathfrak{E}_z$	53	$\mathfrak{M}_1 \oplus \mathfrak{M}_2 \oplus \cdots \oplus \mathfrak{M}_n$	8
$\prod\limits_{\omega} \times \Re_\omega$	6	$\prod\limits_{\omega} \times T_\omega$	32	U	29	$\mathfrak{M} \ominus \Re$	8
G	19	T^{-1}	28	V	29	$\sum\limits_{\omega} \dotplus P_\omega$	17
R_n	22	$\mathfrak{v}$	11, 31, 50	V_H	38	$P_1 \dotplus P_2 \dotplus \cdots \dotplus P_n$	17
R_∞	62	$\mathfrak{vv}$	12, 31	$[\ ]$	7	$\prod\limits_{\omega} P_\omega$	18

Literaturverzeichnis.

Aronszajn, N.: [1] Caractérisation métrique de l'espace de Hilbert, etc. C. R. Acad. Sci. Paris Bd. 201 (1935) S. 811—813, 873—875.

Banach, S.: [*] Théorie des opérations linéaires. Warszawa (1932).

Bochner, S.: [1] Spektralzerlegung linearer Scharen unitärer Operatoren. Sitzgsber. preuß. Akad. Wiss. (1933) S. 371—376.

Carleman, T.: [*] Sur les équations intégrales singulières à noyau réel symmétrique. Uppsala (1923).

Calkin, J. W.: [1] Symmetric transformations in Hilbert space. Duke math. J. Bd. 7 (1940) S. 504—508.

Clarkson, J. A.: [1] Uniformly convex spaces. Trans. Amer. Math. Soc. Bd. 40 (1936) S. 396—414.

Delsarte, J.: [*] Les groupes de transformations linéaires dans l'espace de Hilbert. Mém. Sci. math. Bd. 57 (1932).

Fréchet, M.: [1] Sur les opérations linéaires. Trans. Amer. Math. Soc. Bd. 8 (1907) S. 433—446; [2] Sur la définition axiomatique d'une classe d'espaces vectoriels distanciés applicables vectoriellement sur l'espace de Hilbert. Ann. of Math. Bd. 36 (1935) S. 705—718.

Freudenthal, H.: [1] Über die Friedrichssche Fortsetzung halbbeschränkter Hermitescher Operatoren. Proc. Acad. Amsterdam Bd. 39 (1936) S. 832—833.

Friedrichs, K.: [1] Spektraltheorie halbbeschränkter Operatoren. Math. Ann. Bd. 109 (1934) S. 465—487, 685—713, ferner Bd. 110 (1935) S. 777—779; [2] Über die ausgezeichnete Randbedingung in der Spektraltheorie der halbbeschränkten gewöhnlichen Differentialoperatoren zweiter Ordnung. Ebenda Bd. 112 (1935) S. 1—23; [3] On differential operators in Hilbert spaces. Amer. J. Math. Bd. 61 (1939) S. 523—544; [4] Beiträge zur Theorie der Spektralschar. Math. Ann. Bd. 110 (1935) S. 54—62; [5]Die unitären Invarianten selbstadjungierter Operatoren im Hilbertschen Raum. Jber. Deutsch. Math.-Vereinig. Bd. 45 (1935) S. 79—82.

Haar, A.: [1] Über die Multiplikationstabelle der orthogonalen Funktionensysteme. Math. Z. Bd. 41 (1930) S. 769—798.

Hahn, H.: [1] Über die Integrale des Herrn Hellinger und die Orthogonalinvarianten der quadratischen Formen von unendlich vielen Veränderlichen. Mh. Math. Phys. Bd 23 (1912) S. 169—224.

Halperin, I.: [1] Closures and adjoints of linear differential operators. Ann. of Math. Bd. 38 (1937) S. 880—919.

Hellinger, E.: [1] Die Orthogonalinvarianten quadratischer Formen von unendlich vielen Veränderlichen. Dissertation Göttingen 1907; [2] Neue Begründung der Theorie quadratischer Formen von unendlichvielen Veränderlichen. J. reine angew. Math. Bd. 136 (1909) S. 210—271.

Hellinger, E., u. O. Toeplitz: [*] Integralgleichungen und Gleichungen mit unendlich vielen Unbekannten. Enzyklopädie d. Math. Wiss., II. C. 13. Leipzig (1928); [1] Grundlagen für eine Theorie der unendlichen Matrizen. Math. Ann. Bd. 69 (1910) S. 289—330.

Hilbert, D.: [1] Grundzüge der allgemeinen Theorie der linearen Integralgleichungen, 4. Mitteilung. Göttinger Nachr. (1906) S. 157—227, abgedruckt auch im gleichbetitelten Buch, Leipzig 1912.

HILLE, E.: [1] On semi-groups of transformations in Hilbert space. Proc. Nat. Acad. Sci. U.S.A. Bd. 19 (1938) S. 159—161; [2] Notes on linear transformations. II. Analyticity of semi-groups. Ann. of Math. Bd. 40 (1939) S. 1—47.

JORDAN, P. v., u. J. v. NEUMANN: [1] On inner products in linear metric spaces. Ann. of Math. Bd. 36 (1935) S. 719—723.

JULIA, G.: [*] Introduction mathématique aux théories quantiques. II. Paris (1938).

KAKUTANI, S.: [1] Some characterisation of Euclidean space. Jap. J. Math. Bd. 16 (1939) S. 93—97.

KODAIRA, K.: [1] On some fundamental theorems in the theory of operators in Hilbert space. Proc. Imp. Acad. Tokyo Bd. 15 (1939) S. 207—210.

KOOPMAN, B. O.: [1] Hamiltonian systems and transformations in Hilbert space. Proc. Nat. Acad. Sci. U.S.A. Bd. 17 (1931) S. 315—318.

KOOPMAN, B. O., u. J. L. DOOB: [1] On analytic functions with positive imaginary parts. Bull. Amer. Math. Soc. Bd. 40 (1934) S. 601—605.

LENGYEL, B.: [1] On the spectral theorem of selfadjoint operators. Acta Sci. Math. Szeged Bd. 9 (1939) S. 174—186.

LENGYEL, B. A., u. M. H. STONE: [1] Elementary proof of the spectral theorem. Ann. of Math. Bd. 37 (1936) S. 853—864.

LORCH, E. R.: [1] Functions of self-adjoint transformations in Hilbert space. Acta Sci. Math. Szeged Bd. 7 (1934) S. 136—146; [2] On a calculus of operators in reflexive vector spaces. Trans. Amer. Math. Soc. Bd. 45 (1939) S. 217—234.

LÖWIG, H.: [1] Komplexe euklidische Räume von beliebiger endlicher oder unendlicher Dimensionszahl. Acta Sci. Math. Szeged. Bd. 7 (1934) S. 1—33.

MAEDA, F.: [1] Theory of vector valued set functions. J. Sci. Hiroshima Univ. A, Bd. 4 (1934) S. 57—91, 141—160; [2] Representation of linear operators by differential set functions. Ebenda Bd. 6 (1936) S. 115—137; [3] Unitary equivalence of selfadjoint operators and constants of motion. Ebenda Bd. 6 (1936) S. 283—290.

MAZUR, S.: [1] Quelques propriétés caractéristiques des espaces euclidiens. C. R. Acad. Sci. Paris Bd. 207 (1938) S. 761—764.

MIMURA, Y.: [1] Über Funktionen von Funktionaloperatoren in einem Hilbertschen Raum. Jap. J. Math. Bd. 13 (1936) S. 119—128.

MIZOGUTI, Y.: [1] Abelsche Gruppe und Funktionensystem. Jap. J. Math. Bd. 15 (1938) S. 27—50.

MURRAY, F. J.: [1] Linear transformations between Hilbert spaces and applications of this theory to linear partial differential equations. Trans. Amer. Math. Soc. Bd. 37 (1935) S. 301—338.

NAGUMO, M.: [1] Charakterisierung der allgemeinen euklidischen Räume. Jap. J. Math. Bd. 12 (1936) S. 123—128.

NAKANO, H.: [1] Zur Eigenwerttheorie normaler Operatoren. Proc. Phys.-Math. Soc. Jap. III. Series, Bd. 21 (1939) S. 315—339; [2] Über Abelsche Ringe von Projektionsoperatoren. Ebenda Bd. 21 (1939) S. 357—375; [3] Funktionen mehrerer hypermaximaler normaler Operatoren. Ebenda Bd. 21 (1939) S. 713 bis 728; [4] Hypermaximalität normaler Operatoren. Ebenda Bd. 22 (1940) S. 259—264; [5] Unitärinvarianten hypermaximaler normaler Operatoren im Hilbertschen Raum. Ann. of Math Bd. 42 (1941) S. 657—664; [6] Über den Beweis des Stoneschen Satzes. Ebenda Bd. 42 (1941) S. 665—667; [7] Unitärinvarianten im allgemeinen euklidischen Raum. Math. Ann. Bd. 118 (1941) S. 112—133.

NEUMANN, J. v.: [*] Mathematische Grundlagen der Quantenmechanik. Berlin (1932); [1] Allgemeine Eigenwerttheorie Hermitescher Funktionaloperatoren. Math. Ann. Bd. 102 (1929) S. 49—131; [2] Zur Algebra der Funktionaloperationen und Theorie der normalen Operatoren. Ebenda Bd. 102 (1929) S. 370—427; [3] Über Funktionen von Funktionaloperatoren. Ann. of Math.

Bd. 32 (1931) S. 191—226; [4] Zur Theorie der unbeschränkten Matrizen. J. reine angew. Math. Bd. 161 (1929) 208—236; [5] Über adjungierte Funktionaloperatoren. Ann. of Math. Bd. 33 (1932) S. 294—310; [6] Über einen Satz von Herrn M. H. Stone. Ebenda Bd. 33 (1932) S. 567—573; [7] Zur Operatorenmethode in der klassischen Mechanik. Ebenda Bd. 33 (1932) S. 587—648; [8] On normal operators. Proc. Nat. Acad. Sci. U.S.A. Bd. 21 (1935) S. 366—369; [9] Charakterisierung des Spektrums eines Integraloperators. Actualités Sci. et Ind. Bd. 229 (1935).

Neumark, M.: [1] On the square of a closed symmetric operator. C. R. Acad. Sci. URSS. Bd. 26 (1940) S. 866—870; Bd. 28 (1940) S. 207—208; [2] Selfadjoint extensions of the second kind of a symmetric operator. Bull. Acad. Sci. USSR, Bd. 4 (1940) S. 53—104; [3] Spectral functions of a symmetric operator. Ebenda Bd. 4 (1940) S. 277—318.

Rellich, F.: [1] Spektraltheorie in nicht-separablen Räumen. Math. Ann. Bd. 110 (1934) S. 342—356; [2] Über die v. Neumannschen fastperiodischen Funktionen auf einer Gruppe. Ebenda Bd. 111 (1935) S. 560—567; [3] Störungstheorie der Spektralzerlegung, I. Ebenda Bd. 113 (1936) S. 600—619; II. Ebenda Bd. 113 (1936) S. 677—685; III. Ebenda Bd. 116 (1939) S. 555—570; IV. Ebenda Bd. 117 (1940) S. 356—382.

Riesz, F.: [*] Les systèmes d'équations linéaires à une infinité d'inconnues. Paris (1913); [1] Über quadratische Formen von unendlich vielen Veränderlichen. Göttinger Nachr. (1910) S. 190—195; [2] Über die linearen Transformationen des komplexen Hilbertschen Raumes. Acta Sci. Math. Szeged Bd. 5 (1930) S. 23—54; [3] Über Sätze von Stone und Bochner. Ebenda Bd. 6 (1933) S. 184 bis 198; [4] Zur Theorie des Hilbertschen Raumes. Ebenda Bd. 7 (1934) S. 34 bis 38; [5] Sur les fonctions des transformations hermitiennes dans l'espace de Hilbert. Ebenda Bd. 7 (1935) S. 147—159.

Riesz, F., u. E. R. Lorch: [1] The integral representation of unbounded selfadjoint transformations in Hilbert space. Trans. Amer. Math. Soc. Bd. 39 (1936) S. 331—340.

Stone, M. H.: [*] Linear transformations in Hilbert space. New York (1932); [1] Linear transformations in Hilbert space. Proc. Nat. Acad. Sci. U.S.A. Bd. 15 (1929) S. 198—200, 423—425 und Bd. 16 (1930) S. 172—175; [2] On one-parameter unitary groups in Hilbert space. Ann. of Math. Bd. 33 (1932) S. 643—648.

Sz. Nagy, B. v.: [1] Über meßbare Darstellungen Liescher Gruppen. Math. Ann. Bd. 112 (1936) S. 286—296; [2] Bedingungen für die Multiplikationstabelle eines in sich abgeschlossenen orthogonalen Funktionensystems. Annali di Pisa. Bd. 6 (1937) S. 211—224; [3] On the set of positive functions in L_2. Ann. of Math. Bd. 39 (1938) S. 1—13; [4] On semi-groups of self-adjoint transformations in Hilbert Space. Proc. Nat. Acad. Sci. U.S.A. Bd. 24 (1938) S. 559—560.

Teichmüller, O.: [1] Operatoren im Wachsschen Raum. J. reine angew. Math. Bd. 174 (1935) S. 73—124.

Visser, C.: [1] Note on linear operators. Proc. Acad. Amsterdam Bd. 40 (1937) S. 270—272.

Wecken, F. J.: [1] Zur Theorie linearer Operatoren. Math. Ann. Bd. 110 (1935) S. 722—725; [2] Unitärinvarianten selbstadjungierter Operatoren. Ebenda Bd. 116 (1939) S. 422—455.

Weyl, H.: [1] Über beschränkte quadratische Formen, deren Differenz vollstetig ist. Rend. Circ. Math. Palermo Bd. 27 (1909) S. 373—392.

Wintner, A.: [*] Spektraltheorie unendlicher Matrizen. Leipzig (1929); [1] Zur Theorie der beschränkten Bilinearformen. Math. Z. Bd. 30 (1929) S. 228 bis 289.

Nachtrag.

Nachtrag 1 zu Seite 58:

Der angeführte Beweis (sowie derjenige bei RELLICH [3] (II. Mitt.)) umfaßt nur den Spezialfall beschränkter Operatoren A_n und A (da ja C sonst nicht beschränkt invertierbar ist). Der Satz ist aber in der angegebenen allgemeinen Form gültig, einen Beweis hierfür hat E. HEINZ erbracht: Beiträge zur Störungstheorie der Spektraldarstellung. *Math. Ann.* Bd. 123 (1951) S. 415—438.

Nachtrag 2 zu Seite 58:

Einen Beweis dieses Satzes, der von dem vorangehenden Satz unabhängig ist, kann man auf die Formel gründen:

$$E_\mu - E_\nu = -(2\pi i)^{-1} \oint_C (A - zI)^{-1}\, dz;$$

dabei sind μ, ν Leerstellen des Spektrums von A und C eine das Intervall (μ, ν) (und keine weiteren Punkte des Spektrums von A) umschließende Kurve in der komplexen z-Ebene. Vgl. B. SZ.-NAGY: Perturbations des transformations autoadjointes dans l'espace de Hilbert. *Comment. math. helvet.* Bd. 19 (1946/47) S. 347—366, sowie E. HEINZ, a.a.O.

Nachtrag 3 zu Seite 66:

Diese Schlußweise wird erst dann vollständig, wenn man zeigt, daß aus $N\mathfrak{v}T$ (N normal, T beliebig linear beschränkt) folgt: $N^*\mathfrak{v}T$. Einen Beweis für diesen Sachverhalt hat zuerst B. FUGLEDE erbracht: A commutativity theorem for normal operators. *Proc. Nat. Acad. Sci. U.S.A.* Bd. 36 (1950) S. 35—40.